国家级一流本科专业建设成果教材

U0605958

教育部高等学校材料类专业教学指导委员会规划教材

高分子物理实验

第三版

高分子材料与工程系列
Polymer Materials and Engineering

Polymer Physics

Experiments

李 谷　符若文　编

化学工业出版社

·北京·

内容简介

本教材主要围绕高分子材料的结构、物理及力学性能的研究表征展开。全书共八个单元，36 个实验，6 个附录，既包含了经典的常规测试方法，也有一些聚合物结构和性能的现代测定方法和手段。书中对每一个实验目的、基本原理、实验步骤、实验技术的关键问题、实验过程中需注意的事项均有详细说明；对可能涉及的其他方法和知识点在实验后加以附注。每个实验后均列有思考题和参考文献，便于读者加深对实验的理解和掌握。

本书是高等院校高分子材料与工程专业本科教材，也可作为研究生教材及教师的教学参考书，亦可供从事高分子科学和材料研制、开发、测试工作的科技人员参阅。

图书在版编目（CIP）数据

高分子物理实验 / 李谷，符若文编. / 3 版.
北京 ： 化学工业出版社，2024. 8. -- （教育部高等学校
材料类专业教学指导委员会规划教材）（国家级一流本科
专业建设成果教材）. -- ISBN 978-7-122-46505-4

Ⅰ. O631-33

中国国家版本馆 CIP 数据核字第 2024JK1558 号

责任编辑：王 婧 杨 菁　　　　　　　　　　　装帧设计：张 辉
责任校对：宋 玮

出版发行：化学工业出版社（北京市东城区青年湖南街 13 号　邮政编码 100011）
印　　装：北京云浩印刷有限责任公司
787mm×1092mm　1/16　印张 12¼　字数 280 千字　　2025 年 1 月北京第 3 版第 1 次印刷

购书咨询：010-64518888　　　　　　　　　　售后服务：010-64518899
网　　址：http://www.cip.com.cn
凡购买本书，如有缺损质量问题，本社销售中心负责调换。

定　　价：39.00 元　　　　　　　　　　　　　　版权所有　违者必究

第三版前言

《高分子物理实验》第二版出版已近十年，期间测试手段、测试仪器不断更新。高分子材料在诸多领域的使用日益广泛，新时期人才培养对教材也提出了新要求，为此，我们对第二版教材进行了修订。

本教材围绕高分子材料的结构、物理及力学性能的研究表征，即研究高分子的结构与性能关系而展开。全书共八个单元，36 个实验，在阐述实验原理、仪器设备、实验方法步骤以及数据处理等各部分内容时，都尽可能详细又突出重点，力图通过理论和实践的结合帮助读者更好地感知高分子科学及材料，同时对实验技术的关键问题、实验过程的注意事项做了较为详细地描述或注释。

本教材将第二版第八单元"聚合物材料加工制备和性能测试"的内容剥离出来，编写在新出版的《高分子加工实验》（ISBN：9787122418777，化学工业出版社）教材中。第三版的第七单元新增了与高分子材料应用息息相关的性能测试，包括高分子材料的热老化性、阻燃性、透光性等。聚合物的力学性能部分增加了聚合物材料表面硬度的测定和聚合物薄膜撕裂性能的测定。同时，书中更新了一些更为现代化的仪器设备，更新了国家标准，增加了新的（如聚乳酸等）测试材料，使用更多图片增加教材内容的直观性。部分实验增加了学生自主探索的内容，尝试更多培养学生创新能力和科学思维的方法。此外，修正了第二版教材中的一些错漏内容。

本教材凝聚了长期从事高分子教学工作前辈们的智慧和经验，也是中山大学高分子物理实验教学工作的积累和总结。感谢一直以来同事们的支持和帮助，感谢中山大学实验教材建设专项的资助。

由于编者水平所限，书中难免存在疏漏和不妥之处，敬请读者批评指正。

编者

2024 年 8 月于中山大学

目录
CONTENTS

附　录　**160**

第一单元

聚合物的结构分析

实验一 黏度法测定聚合物的黏均分子量

一、实验目的

1. 掌握黏度法测定聚合物分子量的实验技术，包括恒温槽安装以及乌氏黏度计的使用方法。

2. 了解动能校正的概念，以及进行动能校正的方法。

3. 掌握黏度法测定聚合物分子量的原理以及测定结果的数据处理。

二、基本原理

聚合物的分子量及分子量分布是高分子材料最基本的结构参数。聚合物稀溶液的黏度与分子量有关，却也同时决定于聚合物分子链的结构形态和在溶剂中的扩张程度，因此利用黏度特性测定聚合物的分子量只是一种相对方法。但因其仪器设备简单，操作方便，分子量适用范围大，又有相当好的实验精确度，所以成为人们最常用的实验技术，在生产和科研中得到广泛的应用。

1. 特性黏度的概念

依泊塞尔定律，毛细管黏度计测得的黏度 η 为

$$\eta = A\rho t \tag{1-1}$$

式中，A 为黏度计仪器常数；ρ 为液体密度；t 是流经黏度计上下刻度线的时间。

在黏度法测定聚合物的分子量时，还有下面几种黏度表示方法。

（1）相对黏度 η_r　溶液黏度 η 与纯溶剂黏度 η_0 的比值。在溶液较稀（$\rho \approx \rho_0$）时，可近似视为溶液的流出时间 t 与纯溶剂流出时间 t_0 的比值。是一个无量纲量。

$$\eta_r = \frac{\eta}{\eta_0} \approx \frac{t}{t_0} \tag{1-2}$$

（2）增比黏度 η_{sp}　表示溶液黏度比纯溶剂黏度增加的倍数。也是无量纲量。

$$\eta_{sp} = \frac{\eta - \eta_0}{\eta_0} = \eta_r - 1 \tag{1-3}$$

（3）比浓黏度 η_{sp}/c　表示单位浓度的溶质所引起的黏度增大值。比浓黏度的量纲是浓度的倒数。

（4）比浓对数黏度 $\ln\eta_r/c$　其中 c 表示聚合物溶液的浓度。比浓对数黏度的量纲也是浓度的倒数。

（5）特性黏度$[\eta]$　表示单位质量聚合物在溶液中所占流体力学体积的大小。其值与浓度无关，其量纲是浓度的倒数。

$$[\eta] \equiv \lim_{c \to 0} \frac{\eta_{sp}}{c} \equiv \lim_{c \to 0} \frac{\ln \eta_r}{c} \tag{1-4}$$

2. 特性黏度$[\eta]$与分子量的关系

黏度法测定聚合物分子量的依据是$[\eta]$与分子量的关系。

与低分子不同，聚合物溶液，甚至在极稀的情况下，仍具有较大的黏度。黏度是分子运动时内摩擦力的量度，因而溶液浓度增加，分子间相互作用力增加，运动时阻力就增大。表示聚合物溶液的黏度与浓度的关系常用 Huggins 和 Kraemer 这两个经验公式。

$$\frac{\eta_{sp}}{c} = [\eta] + K'[\eta]^2 c \tag{1-5}$$

$$\frac{\ln \eta_r}{c} = [\eta] - K''[\eta]^2 c \tag{1-6}$$

式中，K' 与 K'' 均为常数，其中 K' 为哈金斯（Huggins）参数。对于柔性链聚合物良溶剂体系，$K'=1/3$，$K'+K''=1/2$。如果溶剂变劣，K' 变大，如果聚合物有支化，K' 随支化度增高而显著增加。

以 η_{sp}/c 对 c 和以 $\ln\eta_r/c$ 对 c 作图，一般得到直线，它们的共同截距即为特性黏度$[\eta]$。实验上常测定 5～6 个不同浓度溶液黏度，然后根据式（1-5）和式（1-6）外推至 $c=0$，这便是常说的外推法。若不同浓度是在同一支黏度计内进行稀释而得，则称为稀释法。

通常式（1-5）和式（1-6）只是在 $\eta_r=1.2\sim2.0$ 范围内为直线关系。当溶液浓度太高或分子量太大时均得不到直线，如图 1-1 所示。此时只能降低浓度再做一次。

特性黏度$[\eta]$的大小受下列因素影响。①分子量：线型或轻度交联的聚合物分子量增大，$[\eta]$增大。②分子形状：分子量相同时，支化分子的形状趋于球形，$[\eta]$较线型分子的小。③溶剂特性：聚合物在良溶剂中，大分子较伸展，$[\eta]$较大，而在不良溶剂中，大分子较卷曲，$[\eta]$较小。④温度：在良溶剂中，温度升高，对$[\eta]$影响不大，而在不良溶剂中，若温度升高使溶剂变为良好，则$[\eta]$增大。当聚合物的化学组成、溶剂和温度确定以后，$[\eta]$值只与聚合物的分子量有关。

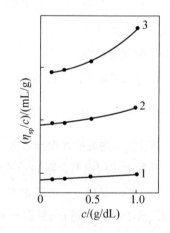

图 1-1　同一聚合物-溶剂体系不同分子量试样 η_{sp}/c-c 关系

（1，2，3 依次为分子量增加）

表示聚合物的特性黏度[η]与分子量的关系为马克-豪温（Mark-Houwink）方程。

$$[\eta] = KM^{\alpha} \tag{1-7}$$

这是一个经验方程，只有在相同溶剂、相同温度、相同分子形状的情况下才可以用来比较聚合物分子量的大小。式中 K、α 需经绝对的分子量测定方法确定后才可使用。对于大多数聚合物来说，α 值一般在 0.5～1.0 之间，在良溶剂中，α 值较大，接近 0.8。溶剂能力减弱时，α 值降低。在 θ 溶液中，$\alpha=0.5$。聚合物的 K、α 值可以查阅聚合物手册，一些常见聚合物的 K、α 值见附录Ⅵ。

3. 动能校正和仪器常数的测定

测定液体黏度的方法有多种，本实验所采用的是测定溶液从一垂直毛细管中流经上下刻度所需的时间。重力的作用，除驱使液体流动外，还有部分转变为动能，这部分能量损耗，必须予以校正。

经动能校正的泊塞尔定律为

$$\frac{\eta}{\rho} = At - \frac{B}{t} \tag{1-8}$$

式中，η/ρ 称为比密黏度；A、B 为黏度计的仪器常数，其数值与黏度计的毛细管半径 R、长度 L、两端液体压力差 p、流出的液体体积 V 等有关；B/t 称为动能校正项，当选择适当的 R、L、V 及 p 的数值时，可使 B/t 数值小到可以忽略，此时实验步骤及计算大为简化。

A、B 的测定有两种不同方法，按式（1-8）解联立方程计算而得。

① 一种标准液体，在不同标准温度下（其中 η 和 ρ 已知），测定流出时间。

② 两种标准液体，在同一标准温度下（其中 η 和 ρ 已知），测定流出时间。

本实验采用第二种方法，纯甲苯和环己烷分别为两种标准液体。所用标准液体均应纯化。

三、实验仪器及原料

XNS-25 黏度测定仪一套（玻璃缸、加热棒、控温仪等）、乌氏黏度计、2 号砂芯漏斗、10mL 针筒、10mL 移液管（有刻度）、25mL 容量瓶、50mL 碘量瓶、广口瓶、可读出 0.1s 的停表、洗耳球、医用胶管、黏度计夹。甲苯、环己烷及聚苯乙烯粒料。

（1）黏度测定仪　由于温度对液体黏度影响很大，所以黏度测定仪的恒温槽水浴温度的精度要求±0.05℃。

（2）黏度计　本实验采用乌氏黏度计（见图 1-2），其由奥氏黏度计改进而得。当把液体吸到 G 球后，放开 C 管，使其通大气，因而 D 球内液体下降，形成毛细管内为气承悬液柱，使液体流出毛细管时沿管壁流下，避免产生湍流的可能，同时 B 管中的流动压力与 A 管中液面高度无关。因而不像奥氏黏度计那样，每次测定，溶液

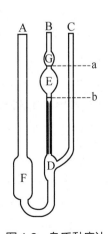

图 1-2　乌氏黏度计

体积必须严格相同。黏度计由于不小心被倾斜所引起的误差亦不如奥氏黏度计大，故能在黏度计内多次稀释，进行不同浓度的溶液黏度的测定，所以又称为乌氏稀释黏度计。

乌氏黏度计3条管中，B、C管较细，极易折断。黏度计取放时不能拿着它们，而应拿A管。同理，固定黏度计于恒温槽时，铁夹也只许夹着A管，特别是把黏度计放于恒温槽中或从恒温槽中取出时，由于水的浮力，此时若拿B、C管，就很容易折断。由于玻璃管弯曲处应力大，任何时候不应同时夹持两支管。套上或拆除B、C上的胶管时，也应只拿住被套或除去的支管。

为了使不同批次的实验结果可进行比较，按1987年颁布的国家标准《合成树脂常温稀溶液黏度试验方法》，规定对不同溶剂，应选用不同的标准黏度计，使溶剂流出时间为100～130s，动能校正系数$\leqslant 2 \times 10^{-2}$。此时可不需进行动能校正计算。

四、实验步骤

1. 溶液的配制

选择适当的溶剂，用25mL容量瓶配制待测聚合物溶液，为控制测定过程中η_r在1.2～2.0之间，浓度一般为0.001～0.01g/mL。于测定前数天，用约20mL溶剂把试样溶解好（本实验配聚苯乙烯的甲苯溶液，浓度为0.008g/mL）。在测定黏度前，将容量瓶在恒温槽中恒温10min后，用玻璃滴管滴加已恒温的纯溶剂，定容25mL。取出摇匀，用2号砂芯漏斗过滤于碘量瓶中。放在恒温槽中待测。容量瓶及砂芯漏斗用后立即洗涤。

2. 环己烷及纯溶剂甲苯流出时间的测定

将洁净黏度计的B、C管分别套上清洁的医用胶管，垂直夹持于恒温槽中，然后吸取10mL已过滤的纯化环己烷，自A管加入黏度计中，恒温10min。捏住C上的胶管，用针筒或洗耳球将液体缓慢地从B管抽至G球，停止抽气，将连接B、C管的胶管同时放开，让空气进入D球，B管溶液慢慢下降，当弯月面降到刻度a时，按停表开始计时，弯月面到刻度为b时，再按停表，记下环己烷流经a、b间的时间，如此重复3次以上，取流出时间相差不超过0.2s的连续3次平均值，记为t_0。0.2s是人按表的可能误差。有时相邻两次之差虽不超过0.2s，但连续所得的数据是递增或递减的（表明溶液体系未达到平衡状态），这时应认为所得的数据不一定是可靠的，可能是温度不恒定，或浓度不均匀，应继续测。测定环己烷流出时间后，将环己烷倒入回收瓶，黏度计放于烘箱内烘干。再测甲苯的流出时间t_k，测完后倾出，烘干黏度计。

3. 溶液流出时间的测定

与测定溶剂的方法相同。把已烘干的黏度计垂直夹持于恒温槽中，用移液管准确吸10mL已过滤及恒温的溶液，放入黏度计，恒定10min后，测定其流出时间t_1。然后依次加入溶剂5mL、5mL、10mL、10mL，将黏度计内的溶液稀释为原来浓度的2/3、1/2、1/3、1/4，各测其流出时间（取连续3次平均值），分别记为t_2～t_5。注意各次加溶剂后，必须将溶液摇动均匀，并抽上G球3次，使其浓度均匀后再进行测定。抽的时候一定要很慢，更不能有气泡抽上去，否则会使溶剂挥发，浓度改变，使测得时间不准确。

测完后，马上倾出溶液，并用溶剂立即洗涤黏度计，到甲苯流出时间与原来相同为止。

五、数据处理

1. 计算仪器常数

列出联立方程式

$$\frac{\eta_1}{\rho_1} = At_0 - \frac{B}{t_0}$$

$$\frac{\eta_2}{\rho_2} = At_k - \frac{B}{t_k}$$

式中，η_1、ρ_1 和 η_2、ρ_2 分别为环己烷及甲苯溶剂在测定温度下的黏度和密度，可由物理化学手册中查出。一些常用有机溶剂的物理性质见附录Ⅳ。算出仪器常数 A、B，并求出 $K=B/A$。

2. 求算特性黏度 [η]

按式（1-2）计算出各个浓度的 η_r，并算出 $\ln\eta_r/c$。

按式（1-3）计算出各个浓度的 η_{sp}，并算出 η_{sp}/c。

按式（1-4），作图求动能校正前后的[η]。如图 1-3 所示。

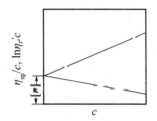

图 1-3　图解法[η]

3. 计算分子量 $\overline{M}_\eta$

按马克-豪温方程[η]=KM^α 计算分子量，并计算动能校正前后分子量的百分误差。为简化起见，可用相对浓度 c' 进行计算。令 $c'=c/c_0$，则各次的相对浓度 c' 的值依次为 1、2/3、1/2、1/3、1/4。以 $\ln\eta_r/c'$ 对 c' 作图得截距 E 及斜率 D，以 η_{sp}/c' 对 c' 作图得截距 E 及斜率 F，则从下面关系式可以计算出真实的[η]、K' 和 K''，如图 1-4 所示。

特性黏度　　　　[η]$= E/c_0$

$$K' = D/E^2$$

$$K'' = F/E^2$$

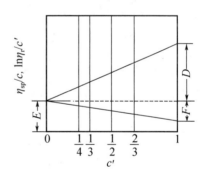

图 1-4　用相对浓度外推求[η]

【附1】"一点法"介绍

为了节省测定时间，尽快地获得分子量数据，还发展了许多只测一个较低浓度溶液的黏度，即可计算 $\overline{M}_\eta$ 的简便方法，常称为"一点法"。常用马龙（Moron）公式为

$$[\eta] = \frac{\eta_{sp} + r^{\ln\eta_r}}{(1+r)c}$$

式中，$r=K'/K''$。

对于每一个聚合物-溶剂体系，在给定温度，r 总是一个与分子量无关的常数。

当 $K'+K''=\dfrac{1}{2}$，$K'=0.35\pm0.02$ 时，也可以用下列公式（程镕时公式）

$$[\eta] = \frac{1}{c}\sqrt{2(\eta_{sp} - \ln\eta_r)}$$

【附2】K 和 α 值的确定方法

用其他绝对方法，如光散射、膜渗透压等可以测定聚合物的分子量 M，再测定相应的黏度，就能算出 K 和 α 值。实验时，先将聚合物分级，然后用绝对方法测定每个级分的分子量，同时，测定其特性黏度 $[\eta]$。用 $\lg[\eta]$ 对 $\lg M$ 作图得一条直线，其截距是 $\lg K$，斜率是 α。因此，应用 K 和 α 值时，必须与聚合物-溶剂体系相同，温度一致，分子量范围相同，分子形状相似。

【附3】实验仪器的洗涤

所有接触过聚合物溶液的仪器，包括砂芯漏斗、容量瓶、移液管、黏度计、碘量瓶等，用完后必须立即洗涤，否则，当溶剂挥发后，析出聚合物后就很难洗涤，特别是砂芯漏斗的熔结玻璃片及黏度计的毛细管黏结聚合物后，都很难洗干净。

当砂芯漏斗的熔结玻璃片黏附聚合物时，先用良溶剂回流清洗，再用能溶于水的溶剂（如丙酮或乙醇等）浸泡，然后用亚硝酸钠的浓硫酸溶液浸泡，不宜用一般的洗涤液。黏度计洗涤方法为先用热洗液注满浸泡一段时间，然后用过滤后的自来水、蒸馏水洗涤，烘干备用。洗涤或测定等所用的一切液体，都应经过 2 号砂芯漏斗过滤。

【附4】黏度计参考标准

溶剂	v（25℃）/ （10^{-4}m²/s）	d'/cm	加工参考值	
			V/mL	d/cm
二氯甲烷	0.00331	0.0389	2	0.037
氯仿	0.00365	0.0398	2	0.038
丙酮	0.00388	0.0404	2	0.039
乙酸乙酯	0.00475	0.0405	2	0.041
四氢呋喃	0.00532	0.0484	3	0.047
二氯乙烷	0.00623	0.0501	3	0.049
甲苯	0.00640	0.0507	3	0.049
氯苯	0.00675	0.0544	4	0.054
甲苯	0.00640	0.0507	4	0.054
苯	0.00689	0.0555	4	0.054
甲醇	0.00690	0.0557	4	0.054
对二甲苯	0.00705	0.0568	4	0.054
正辛烷	0.0073	0.0564	4	0.054
水	0.00893	0.0592	4	0.057
二甲基甲酰胺	0.00855	0.0586	4	0.057
二甲基乙酰胺	0.0101	0.061	4	0.058
环己烷	0.0116	0.0632	4	0.061
二噁烷	0.0117	0.0633	4	0.061
乙醇	0.0137	0.0644	4	0.064

溶剂	υ（25℃）/ （$10^{-4}m^2/s$）	d'/cm	加工参考值	
			V/mL	d/cm
硝基苯	0.0154	0.066	4	0.066
甲酸	0.0162	0.0687	4	0.067
环己酮	0.0210	0.0733	4	0.0705
邻氯苯酚	0.0300	0.0817	4	0.078
正丁醇	0.0321	0.0817	4	0.078
硫酸（96%）	0.109	0.111	4	0.107
硫酸（93%）	0.111	0.111	4	0.107
间甲酚	0.112	0.111	4	0.107

注：υ 为运动黏度；d' 为计算值；V 为 E 球体积；d 为毛细管直径。

【附5】一些动能校正用溶剂的密度和黏度

溶剂	ρ/（g/mL）			η/（mPa·s）		
	20℃	25℃	30℃	20℃	25℃	30℃
正己烷	0.65937	0.65482	0.6505	0.318	0.2923	
环己烷	0.77855	0.77389	0.76928	0.977	0.898	0.820
正庚烷	0.6836	0.67951	0.6751	0.411	0.3903	0.364
正辛烷	0.70252	0.69849	0.6942	0.5458	0.5136	0.472
十氢萘	0.8865	0.8789		3.381	2.415	
苯	0.87368	0.86845	0.86836	0.649	0.6028	0.569
甲苯	0.8669	0.86231	0.85769	0.5866	0.5516	0.526
对二甲苯	0.86105	0.85669	0.8523	0.644	0.605	0.568
四氢萘	0.9702	0.9662		2.202	2.003	
甲醇	0.7915	0.78675	0.7819	0.5506	0.5445	0.510
乙醇	0.78934	0.78506	0.78079	1.17	1.078	0.991
正丙醇	0.8035	0.7995	0.7960	2.26		1.722
正丁醇	0.80961	0.8057	0.80206	2.95		2.271
乙醚	0.71352	0.70778	0.70205	0.242	0.224	
二噁烷	1.03375	1.02687	1.0223	1.439（15℃）		1.087
丙酮	0.7908	0.7851	0.77933	0.3371（15℃）	0.3075	0.2954
丁酮	0.80473	0.79954	0.79452		0.423	0.365
甲酸	1.21961	1.21328	1.20775		1.966	1.443
乙酸	1.04923	1.04365	1.03802	1.314（15℃）		1.040
乙酸乙酯	0.90063	0.89455	0.88851	0.449	0.426	0.400
三氯甲烷	1.4892		1.4706	0.568		0.514
四氯化碳	1.5940	1.5842	1.5748	0.965	0.8876	0.843
四氢呋喃	0.8898	0.8811		0.55		0.47
水	0.99823	0.99707	0.99567	1.0250	0.8937	0.8007

思考题

1. 与其他测定分子量的方法比较，黏度法有什么优点？
2. 测定过程如何保证浓度准确？
3. 使用乌氏稀释黏度计时要注意什么问题？

参考文献

[1]　钱人元，等. 高聚物的分子量测定. 北京: 科学出版社，1958.
[2]　复旦大学高分子化学教研组. 高聚物的分子量测定. 上海: 上海科技编译馆，1965.
[3]　潘鉴元，等. 高分子物理. 广州: 广东科技出版社，1981.
[4]　Huggins M L. J. Am.Chem.Soc，1942，64：2716.
[5]　施良和. 化学通报，1961，（5）：44；1962，（1）：45.
[6]　国际标准化组织（ISO），塑料标准 R（628—70）.
[7]　冯开才，等. 高分子物理实验. 北京: 化学工业出版社，2004.

实验二　θ 溶液黏度法测定无干扰高分子链的均方末端距

一、实验目的

掌握在 θ 溶剂中测定黏度而计算高分子链的无扰尺寸的实验技术，了解 θ 溶液的性质。

二、基本原理

聚合物溶解在良溶剂中，高分子链在溶液中扩张，分子链的末端距增大，而在不良溶剂中则卷曲而使末端距减小。通过选择适当的溶剂或温度，可使聚合物分子卷曲而达到析出的临界状态，此时的聚合物溶液称为 θ 溶液，此时的温度称为 θ 温度（又称 Flory 温度），该溶剂即为该温度下该聚合物的 θ 溶剂。在此 θ 条件下，高分子链段间由于溶剂化及已占空间所表现的斥力恰恰与链段间相互吸引力平衡，使高分子链的形态相似于既不受溶剂化作用的干扰，也不受高分子间长程相互作用的干扰，就像单个高分子处于无干扰状态，把这种高分子链称为"无干扰"高分子链。"无干扰"高分子链的均方末端距用 $\overline{r_0^2}$ 表示，"无干扰"均方回转半径用 $\overline{s_\theta^2}$ 表示。Flory 用扩张因子 χ 来描述由于溶剂与聚合物作用而使分子尺寸变大的关系。即

$$\sqrt{\overline{r^2}} = \chi \sqrt{\overline{r_\theta^2}} \tag{2-1}$$

$$\sqrt{\overline{s^2}} = \chi \sqrt{\overline{s_\theta^2}} \tag{2-2}$$

高分子的 θ 溶液有如下特性：①第二维利系数 $A_2=0$；②扩张因子 $\chi=1$；③特性黏度 $[\eta]_\theta$ 最小。

$[\eta]_\theta$ 与分子量的关系为

$$[\eta]_\theta = K_\theta M^{1/2} \tag{2-3}$$

若用一个等效流体力学球体来表征大分子在稀溶液中的线团状态，等效球体半径 R_e 与 $\overline{r^2}$ 或 $\overline{s^2}$ 有如下关系。

$$R_e = \varepsilon\sqrt{\overline{s^2}} = \varepsilon_1\sqrt{\overline{r^2}} \tag{2-4}$$

利用爱因斯坦的悬浮球形质点的黏度方程

$$\eta = \eta_0\left(1 + 2.5\phi\right) \tag{2-5}$$

式中，ϕ 是悬浮质点的体积分数。对于高分子线团

$$\phi = \frac{n_g V_g}{V} = \frac{n_g}{V} \times \frac{4}{3}\pi R_e^3 = \frac{4}{3} \times \frac{m}{V} \times \frac{N_A}{M}\pi R_e^3 \tag{2-6}$$

式中，m 为高分子质量；V_g 为一个粒子的体积；n_g 为线团粒子的数目；N_A 为阿伏伽德罗常数；V 为溶液的总体积。

由式（2-5）和式（2-6）可得

$$[\eta] = \left[\frac{\eta_{sp}}{c}\right]_{c=0} = \varPhi\frac{R_e^3}{M} = \frac{\varPhi\left(\overline{r_\theta^2}\right)^{3/2}}{M}\chi^3 \tag{2-7}$$

式中，$\varPhi$ 为 Flory 常数，在许多聚合物-溶剂体系中（没有分过级的样品），$\varPhi$ 的平均值为 2.1×10^{23}，它随溶剂不同有所改变。在 θ 溶剂中，取 $\varPhi_\theta = 2.86\times10^{23}$，由于

$$\chi = \sqrt[3]{\frac{[\eta]}{[\eta_\theta]}} = 1$$

所以

$$[\eta]_\theta = \frac{\varPhi_\theta\left(\overline{r_\theta^2}\right)^{3/2}}{M} \tag{2-8}$$

$$\left(\overline{r_\theta^2}\right)^{1/2} = \left[\frac{1}{\varPhi_\theta}[\eta]_\theta M\right]^{1/3} = 1.518\times10^{-8}\left([\eta]_\theta M\right)^{1/3} \text{(cm)} \tag{2-9}$$

在式（2-9）运算中，高分子溶液的浓度单位取 g/mL，而特性黏度 $[\eta]$ 的单位为 mL/g。同样，无扰根均方回转半径为

$$\left(\overline{s_\theta^2}\right)^{1/2} = \frac{1}{\sqrt{6}}\left(\overline{r_\theta^2}\right)^{1/2} = 0.620\times10^{-8}\left([\eta]_\theta M\right)^{1/3} \text{(cm)} \tag{2-10}$$

因此，用黏度法在 θ 溶液中测定特性黏度$[\eta]_\theta$，已知 K_θ 值时，可求得分子量 M，或从良溶剂中测得黏均分子量 $\overline{M}_\eta$，可计算大分子链的无扰尺寸。

35℃时，聚苯乙烯的环己烷溶液是 θ 溶液，聚环氧乙烷的 K_2SO_4（0.45mol/L）水溶液也为 θ 溶液。本实验采用 35℃时聚苯乙烯的环己烷 θ 溶液，测定聚苯乙烯分子链的无扰尺寸，并与实验一聚苯乙烯在良溶剂甲苯中测定的实验结果比较，计算聚苯乙烯分子链的扩张因子。在附录中给出了聚环氧乙烷的 K_2SO_4（0.45mol/L）水溶液在 θ 状态的有关参数，也可通过相似实验步骤测试聚环氧乙烷的分子量及无扰尺寸。

在 θ 溶液中，高分子链处于析出的临界状态。利用黏度法测定这种无扰状态下的高分子链的均方末端距，其与无定形状态下聚合物本体中分子链的均方末端距相近。进而可计算其在良溶剂中的扩张因子。因而，本实验对研究聚合物的溶液性质也很有意义。

三、实验仪器

黏度测定仪、乌氏黏度计、2 号砂芯漏斗、针筒、移液管、容量瓶、碘量瓶、广口瓶、漏斗保温套、超级恒温槽、恒温水浴锅、可读到 0.1s 的停表、洗耳球、医用胶管及黏度计夹等。

四、实验步骤

1. 溶液的配制

① 在 25mL 容量瓶中准确称取预先经纯化及真空干燥的聚苯乙烯试样 0.2~0.25g，先加入 20mL 经纯化并干燥的环己烷，试样溶解后，再在测试温度（35℃）的恒温槽中加环己烷至刻度。

② 将上述已配至刻度的溶液充分摇匀，再在稍高于 35℃的水浴中加热片刻，然后经具有保温套的 2 号砂芯漏斗过滤到洁净的碘量瓶中，保温套图见 2-1，滤液放入干燥器备用。在过滤过程要注意使溶液温度始终稍高于 35℃，以免产生析出，使溶液的浓度变低，影响测定的结果。保温套的水温，视环境温度控制在 40~45℃，由超级恒温槽提供。

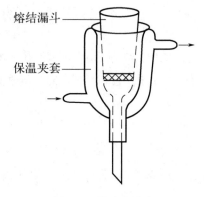

熔结漏斗

保温夹套

图 2-1　漏斗保温套

2. 溶剂环己烷及动能校正用甲苯的流出时间的测定

见实验一实验步骤 2。

3. 溶液流出时间的测定

把已烘干的黏度计垂直夹持于恒温槽中，用经烘至手感微暖的洁净移液管准确吸取 10mL 已过滤及恒温的溶液放入黏度计。经 10min 温度平衡后，测定其流出时间。然后依次加入溶剂 5mL、5mL、10mL、10mL，将黏度计内的溶液稀释为原始浓度的 2/3、1/2、1/3 和 1/4，各测其流出时间。每次加入溶剂后，应将黏度计中的溶液摇匀后移至略高于测试温度的水浴中加热片刻，以避免聚合物析出。

测定完毕后，立即用溶剂甲苯洗涤黏度计，至甲苯流出时间与动能校正时甲苯流出时间一致为止。

五、数据处理

按下列联立方程算出仪器常数 A、B 及动能校正系数 K。

$$\frac{\eta_1}{\rho_1} = At_1 - \frac{B}{t_1} \tag{2-11}$$

$$\frac{\eta_2}{\rho_2} = At_2 - \frac{B}{t_2} \tag{2-12}$$

$$K = B/A$$

式中，η_1、ρ_1 和 η_2、ρ_2 分别为环己烷和甲苯在测定温度下的黏度和密度；t_1 和 t_2 为两者流经毛细管刻度的时间。

获得 K 值后，做如下处理。

① 分别计算动能校正前、后 5 个浓度的 η_r[校正前 $\eta_r = \overline{t}/\overline{t_0}$，校正后 $\eta_r = (\overline{t} - k/\overline{t}) / (\overline{t_0} - k/\overline{t_0})$]、$\eta_{sp}$、$\ln\eta_r/c$、$\eta_{sp}/c$ 等数据。

② 用图解法求得 $[\eta]$，按式（2-3）算出 $\overline{M}_\eta$。

③ 利用实验一在良溶剂甲苯中测定的 $\overline{M}_\eta$，根据式（2-9）和式（2-10）计算 $(\overline{r_\theta^2})^{1/2}$ 和 $(\overline{s_\theta^2})^{1/2}$。

④ 利用同一样品的已知 $\overline{M}_\eta$ 值按下式计算 $\overline{r_0^2}$ 值。

$$\overline{r_0^2} = Nb^2 \frac{1-\cos\theta}{1+\cos\theta} \tag{2-13}$$

式中，N 是键数目；b 是键长；θ 是键角。

⑤ 计算 $\overline{r_\theta^2}/\overline{r_0^2}$ 值，与文献数据进行比较。

⑥ 利用同一样品在良溶剂甲苯中测得 $[\eta]$ 的值，按下式计算扩张因子 χ。

$$\chi = \left([\eta]/[\eta]_\theta\right)^{1/3} \tag{2-14}$$

注：本实验中引用的有关常数、数据如下。

环己烷（35℃）：$\rho=0.7645\text{g/cm}^3$；$\eta=0.743\text{MPa·s}$。

甲苯（35℃）：$\rho=0.8530\text{g/cm}^3$；$\eta=0.475\text{MPa·s}$。

聚苯乙烯-环己烷体系（35℃）：$k_\theta=0.08$（mL/g）。

样品在甲苯中测得 $[\eta]=100$（mL/g）

$$\overline{M}_\eta = 4.0\times10^5$$

样品 $\overline{M}_\eta = 2.8\times10^5$。

【附1】一些高分子的 θ 溶剂和 θ 温度

附表　一些高分子的 θ 溶剂和 θ 温度

聚合物	溶剂	θ 温度/℃	聚合物	溶剂	θ 温度/℃
聚 1-丁烯	苯甲醚	86.2	聚苯乙烯（无规）	苯/异丙醇（64.2/35.8）	25.0
	乙苯	−24.0		丁酮/异丙醇（85.7/14.3）	23
	甲苯	−13.0	丁苯橡胶	正辛烷	21.0
聚异丁烯	苯	24	聚甲基丙烯酸甲酯	丙酮	−55.0
	四氯化碳/二噁烷（63.8/36.2）	25.0		丙酮/乙醇（47.7/52.3）	25.0
	氯仿/正丙醇（74/26）	25.0		甲苯/甲醇（35.7/64.3）	26.2
聚乙烯	二苯醚	161.4		四氯化碳/甲醇（53.3/46.7）	25.0
	联苯	125		苯/异丙醇（62/38）	20.0
	正戊烷	85	聚氯乙烯	苯甲醇	155.4
	正己烷	133	丙烯腈-苯乙烯	苯/甲醇（66.7/33.3）	25.0
	二苯基甲烷	142.2			
聚丙烯（等规）	二苯醚	145～146.2	尼龙-66	2.3mol/L KCl 的 90%甲酸溶液	28.0
聚丙烯（无规）	氯仿/正丙醇（74/26）	25.0	聚乙酸乙烯酯	乙醇/甲醇（80/20）	17.0
	四氯化碳/正丁醇（67/33）	25.0		丁酮/异丙醇（73.2/26.8）	25.0
聚苯乙烯（无规）	环己烷	35.0		丙酮/异丙醇（23/77）	30.0
	十氢萘	31.0		乙酸乙酯	18.0
	甲苯/甲醇（80/20）	25.0	聚二甲基硅氧烷	氯苯	68.0
	苯/异丙醇（66/34）	20.0		甲苯/环己醇（66/34）	25.0

【附2】 θ 溶液黏度法测定聚环氧乙烷的分子量及无扰尺寸

① 聚环氧乙烷的 θ 溶液的配制：采用 0.45mol/L 的 K_2SO_4 水溶液为溶剂，准确称量 0.32～0.34g 聚环氧乙烷，于 25mL 容量瓶中溶解数日。实验当天，将容量瓶放置在 37℃左右水浴中加热促使聚合物完全溶解，并于 35℃恒温槽中定容。然后，再次在 37℃左右水浴

中加热数分钟后，摇匀，趁热经带有保温套的 2 号砂芯漏斗过滤后，将滤液放于 35℃以上碘量瓶中待测。

②5 点稀释法测定溶液的流出时间，分别记为 t_1、t_2、t_3、t_4、t_5。

③ 用蒸馏水充分洗涤黏度计 3 次后，用适量溶剂润洗黏度计 3 次，然后，于 35℃恒温槽中测试 0.45mol/L 的 K_2SO_4 水溶液的流出时间，记录为 t_0。

④ 通过作图法，求该溶液的特性黏度 $[\eta]$。

⑤ 通过计算式（2-3）、式（2-9）和式（2-10）计算聚环氧乙烷的黏均分子量和无扰尺寸。（35℃，聚环氧乙烷-K_2SO_4 水溶液体系，$k_\theta=0.13$mL/g）

⑥ 采用蒸馏水和环己烷为两种标准液体，在 35℃恒温槽中，测定流出时间，计算仪器常数 A 和 B。作图求动能校正后特性黏度 $[\eta]$。

[水（35℃）：$\rho=0.99406$g/cm^3，$\eta=0.7225$MPa·s]

思考题

1. 在本实验中哪些因素影响实验结果？为什么？
2. 溶液中聚合物分子尺寸与哪些因素有关？
3. 在良溶剂中测定黏度的办法能否计算大分子的无扰尺寸？

参考文献

[1] 潘鉴元，等. 高分子物理. 广州：广东科技出版社，1981.
[2] [美]E.L.麦卡弗里. 高分子化学实验室制备. 蒋硕健，等译. 北京：科学出版社，1981.
[3] 复旦大学. 高聚物的分子量测定. 上海：上海科技编译馆，1965.
[4] 冯开才，等. 高分子物理实验. 北京：化学工业出版社，2004.
[5] 刘光启，等. 化学化工物性数据手册：无机卷. 北京：化学工业出版社，2002.
[6] James E M. The Polymer Data Handbook.New York：Oxford University Press Inc.，1999.

实验三　光散射法测定聚合物的重均分子量及分子尺寸

一、实验目的

1. 了解光散射法测定聚合物重均分子量的原理及实验技术。

2. 掌握用 Zimm 双外推作图法处理实验数据的方法，并计算试样的重均分子量 $\overline{M}_\mathrm{w}$、均方末端距 $\overline{h^2}$ 及第二维利系数 A_2。

二、基本原理

光通过不均匀介质时会产生散射光。大分子溶液总是被看成不均匀介质，当受到入射光的电磁场作用时，会成为新的波源而发射散射光，由于散射光波的强度、频率偏移、偏振度以及光强的角分布等均与聚合物的分子量、在溶液中的链形态及分子间的相互作用有关，从而可以用于研究大分子在溶液中分子量、分子形态、大分子与溶剂的相互作用以及扩散系数等。经典光散射理论认为：散射光的强度除与入射光的强度、频率、波长有关外，还与它们是否产生干涉有关。高分子溶液的散射光有外干涉及内干涉现象。外干涉与溶液浓度有关，当各散射质点靠近时，相互强烈地产生作用，各质点的散射光发生相互干涉而使散射光强度受影响，采用稀溶液可消除外干涉。内干涉现象则与分子尺寸有关，当分子尺寸较大时，一个质点（分子）的各部分均可看成独立的散射中心，它们之间所产生的散射光相互干涉。散射光的波长、频率与入射光的一样，没有发生任何变化，这种散射称为弹性散射或瑞利散射。这种内干涉现象是研究大分子尺寸的基础。图3-1是散射光示意图，散射光方向与入射光方向间的夹角称为散射角 θ。O 为介质散射中心，从散射中心到观测点的距离为 r，则散射光强 I 与入射光强 I_0 之间的关系表示为

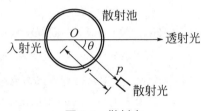

图 3-1　散射光

$$I = \frac{1+\cos^2\theta}{2} \times \frac{4\pi^2 n^2}{N_A \lambda_0^4 r^2} \left(\frac{\partial n}{\partial c}\right)^2 cI_0 / \left(\frac{1}{M} + 2A_2 c\right) \tag{3-1}$$

式中，λ_0 为入射光在真空中的波长；n 为溶剂的折射率；$\dfrac{\partial n}{\partial c}$ 为溶液的折射率增量；N_A 为阿伏伽德罗常数；c 为溶液的浓度；M 为溶质的分子量；A_2 为第二维利系数。

引进参数瑞利比 R_θ

$$R_\theta = \frac{r^2 I}{I_0} \tag{3-2}$$

代入式（3-1）得

$$R_\theta = \frac{1+\cos^2\theta}{2} \times \frac{4\pi^2 n^2}{N_A \lambda_0^4} \left(\frac{\partial n}{\partial c}\right)^2 c / \left(\frac{1}{M} + 2A_2 c\right) \tag{3-3}$$

当溶质、溶剂、温度和入射光波长选定后，式（3-3）中 n、λ_0 均为常数，以光学常数 K 表示

$$K = \frac{4\pi^2 n^2}{N_A \lambda_0^4} \left(\frac{\partial n}{\partial c}\right)^2 \tag{3-4}$$

式（3-3）可写成

$$\frac{1+\cos^2\theta}{2} \times \frac{Kc}{R_\theta} = \frac{1}{M} + 2A_2 c \tag{3-5}$$

对于质点尺寸较小（$< \dfrac{1}{20}\lambda$）的溶液，散射光强的角度依赖性对入射光方向成轴性对称，且对称于90°散射角，即当 $\theta = 90°$ 时，受杂散射光的干扰最小，式（3-5）简化为

$$\frac{Kc}{2R_{90°}} = \frac{1}{M} + 2A_2c \tag{3-6}$$

对于质点尺寸较大（$>\frac{1}{20}\lambda$）的溶液，必须考虑散射光的内干涉效应，这时散射光强随散射角不同而不同，且前向（$\theta<90°$）和后向（$\theta>90°$）的散射光强不对称。对于两个对称的散射角，前向散射光强总是大于后向的散射光强。引进散射函数 $P(\theta)$ 对由于内干涉效应而导致散射光强的变化进行校正。

$$P(\theta) = 1 - \frac{16\pi^2}{3\lambda^2}\overline{s^2}\sin^2\frac{\theta}{2} + \varLambda \tag{3-7}$$

式中，$\overline{s^2}$ 是大分子链在溶液中的均方回转半径；λ 是入射光在溶液中的波长，$\lambda = \frac{\lambda_0}{n}$。式（3-5）修正为

$$\frac{1+\cos^2\theta}{2}\times\frac{Kc}{R_\theta} = \frac{1}{MP(\theta)} + 2A_2c \tag{3-8}$$

将式（3-7）的 $P(\theta)$ 代入并经整理，得

$$\frac{1+\cos^2\theta}{2}\times\frac{Kc}{R_\theta} = \frac{1}{M}\left(1 + \frac{16\pi^2}{3\lambda^2}\overline{s^2}\sin^2\frac{\theta}{2} + \varLambda\right) + 2A_2c \tag{3-9}$$

在散射光的测定中还要考虑散射体积的改变，也需进行改正，上式变为

$$\frac{1+\cos^2\theta}{2\sin\theta}\times\frac{Kc}{R_\theta} = \frac{1}{M}\left(1 + \frac{16\pi^2}{3\lambda^2}\overline{s^2}\sin^2\frac{\theta}{2} + \varLambda\right) + 2A_2c \tag{3-10}$$

式（3-10）为光散射法测定分子量及分子尺寸的基本计算公式。从下面的讨论可知，所得分子量为重均分子量 $\overline{M}_w$。

对于一个多分散体系，当浓度 $c\to0$ 时，从式（3-6）得

$$\left(R_{90°}\right)_{c=0} = K\sum_i c_i M_i = Kc\sum\frac{c_i}{c}M_i \tag{3-11}$$

$$= Kc\sum W_i M_i = Kc\overline{M}_w$$

光散射法是测定聚合物重均分子量的一种绝对方法，它的测试范围为 $1\times10^4\sim1\times10^7$。随着激光光散射技术的出现和发展，光散射法还可以测定高分子、凝胶体系动态特性，如高分子以及凝胶粒子在溶液中的许多涉及质量和流体力学体积变化的过程，如聚集与分散、结晶与溶解、吸附与解吸、高分子的伸展与卷曲，从而得到许多独特的微观分子参数。因而光散射技术已成为科研和生产实际的重要检测监控手段。

三、实验仪器及原料

仪器：光散射仪、示差折光仪、压滤器、容量瓶、移液管、砂芯漏斗等。

原料：聚苯乙烯、苯等。

光散射仪的示意如图 3-2 所示。其构造主要有以下 4 部分。

（1）光源　一般用中压汞灯，$\lambda=435.8\text{nm}$ 或 $\lambda=546.1\text{nm}$。

（2）入射光的准直系统　使光束界线明确。

（3）散射池　玻璃制品，用以盛高分子溶液。它的形状取决于要在几个散射角测定散射光强，有正方形、长方形、八角形、圆柱形等多种形状，半八角形池适用于不对称法的测定，圆柱形池可测散射光强的角分布。

（4）散射光强的测量系统　因为散射光强只有入射光强的 10^{-4}，应用光电倍增管使散射光变成电流再经电流放大器，以微安表指示。各个散射角的散射光强可用转动光电管的位置来进行测定，或者采用转动入射光束的方向来进行测定。

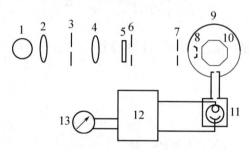

图 3-2　光散射测定仪

1—汞灯；2—聚光镜；3—隙缝；4—准直镜；5—干涉滤光片；6～8—光闸；
9—散射池罩（恒温浴）；10—散射池；11—光电倍增管；12—直流放大器；13—微安表

四、实验步骤

1. 待测溶液的配制及除尘处理

① 用 100mL 容量瓶在 25℃准确配制 1～1.5g/L 的聚苯乙烯苯溶液，浓度记为 c_0。

② 溶剂苯经洗涤、干燥后蒸馏两次。溶液用 5 号砂芯漏斗在特定的压滤器中用氮气加压过滤以除尘净化。

2. 折射率和折射率增量的测定

用示差折光仪（见图 3-3）分别测定溶剂的折射率 n 及 5 个不同浓度待测高分子溶液的折射率增量，由示差折光仪的位移值 Δd 对浓度 c 作图求出溶液的折射率增量 $\dfrac{\partial n}{\partial c}$。溶液的折射率一般应与高分子的分子量无关。

图 3-3　示差折光仪的原理

3. 参比标准、溶剂及溶液的散射光电流的测量

对照光散射仪使用说明书，开启仪器，用已除尘的溶剂清洗散射池。

① 测定绝对标准液（苯）和工作标准玻璃块在 θ=90°散射光电流的检流计读数 $G_{90°}$。

② 用移液管吸取 10mL 溶剂苯放入散射池中，记录在 θ 角为 0°、30°、45°、60°、75°、

90°、105°、120°和135°等不同角度时的散射光电流的检流计读数 G_θ^0。

③ 在上述散射池中加入 2mL 聚苯乙烯-苯溶液（原始溶液 c_0），用电磁搅拌器搅拌均匀，此时散射池中溶液的浓度为 c_1。待温度平衡后，依上述方法测量 30°～150°各个角度的散射光电流检流计读数 $G_\theta^{c_1}$。

④ 与③操作相同，依次向散射池中加入聚苯乙烯-苯的原始溶液（c_0）3mL、5mL、10mL、10mL、10mL 等，使散射池中溶液的浓度分别变为 c_2、c_3、c_4、c_5、c_6 等，并分别测定 30°～150°各个角度的散射光电流检流计读数 $G_\theta^{c_2}$、$G_\theta^{c_3}$、$G_\theta^{c_4}$、$G_\theta^{c_5}$、$G_\theta^{c_6}$ 等。

测量完毕，关闭仪器，清洗散射池。

五、实验数据记录及处理

1. 将实验测得的散射光电流的检流计偏转读数记入下表。

G	$\theta/$ (°)								
	30	45	60	75	90	105	120	135	150
G^0									
G^{c_1}									
G^{c_2}									
G^{c_3}									
G^{c_4}									
G^{c_5}									
G^{c_6}									

表中各个溶液的浓度 c_i，依据原始浓度的数值、加入散射池的体积和溶剂加入的体积来计算。例如，$c_1 = \dfrac{1}{6} c_0$（c_0 是原始溶液的浓度，加入 2mL 此溶液于有 10mL 溶剂的散射池中），依次类推。

2. 仪器常数 ϕ 及瑞利比 R_0 的计算

光散射实验测定的是散射光光电流 G，还不能直接用于计算瑞利比 R_θ。因为散射光强与入射光强相差很大（$I_0 \approx 10^{-4} I_0$），难以准确测量。因此，常用间接法测量，即选用一个参比标准，它的光散射性质稳定，其瑞利比 $R_{90°}$ 已精确测定，如精制的苯、甲苯、二硫化碳、四氯化碳等均可作为参比标准物。本实验采用苯作为参比标准物，已知在 $\lambda=546\text{nm}$，$R_{90°}^{苯} = 1.63 \times 10^{-5}$，则有

$$\phi_{苯} = R_{90°}^{苯} \frac{G_{0°}}{G_{90°}} \tag{3-12}$$

式中，$G_{0°}$、$G_{90°}$ 是纯苯在 0°、90°的检流计读数。

由式（3-2）溶液的散射光强 I 与瑞利比 R_θ 成正比

$$\frac{r^2}{I_0} = \frac{R_\theta}{I_\theta} = \frac{R_{90°}^{苯}}{I_{90°}^{苯}}$$

可得

$$R_\theta = \frac{R_{90°}^{苯}}{I_{90°}^{苯}} I_\theta \tag{3-13}$$

这样，只要在相同条件下测得溶液的散射光强 I_θ 和 $90°$ 时苯的散射光强 $I_{90°}^{苯}$，即可计算溶液的 R_θ 值。散射光强用检流计偏转读数表示，则有

$$R_\theta = \frac{R_{90°}^{苯}}{G_{90°}^{苯}/G_{0°}^{苯}}\left[\left(\frac{G_\theta}{G_0}\right)_{溶液} - \left(\frac{G_\theta}{G_0}\right)_{溶剂}\right] = \phi_{苯}\left[\left(\frac{G_\theta}{G_0}\right)_{溶液} - \left(\frac{G_\theta}{G_0}\right)_{溶剂}\right] \tag{3-14}$$

当入射光恒定，$(G_0)_{溶液} = (G_0)_{溶剂} = G_0$，则上式可简化为

$$R_\theta = \phi'\left(G_\theta^c - G_\theta^0\right) \tag{3-15}$$

式中，G_θ^c 是溶液在 θ 角测得检流计读数；G_θ^0 是纯溶剂在 θ 角的检流计读数。

3. K 值计算

依据式（3-4）计算常数 K，其中入射光波长 $\lambda=546\text{nm}$，溶液的折射率在溶液很稀时可以溶剂的折射率代替。$n_{苯}^{25}=1.4979$，聚苯乙烯-苯溶液的 $\partial n/\partial c$，其文献值为 $0.106\text{cm}^3/\text{g}$。（以上两数据可与实测值进行比较）

4. 作 Zimm 双重外推图，并求 $\overline{M_w}$, $\overline{s^2}(\overline{h^2})$ 及 A_2

由式（3-10），令

$$Y = \frac{1+\cos^2\theta}{2\sin\theta} \times \frac{Kc}{R_\theta} \tag{3-16}$$

将各项计算结果列表 3-1。在上述数据中，以 Y 为纵坐标，$\sin^2\dfrac{\theta}{2}+Kc$ 为横坐标，画出 Zimm 图，如图 3-4 所示。其中 K 可任意选取，目的是使 Zimm 网张开一些，便于双重外推，K 可选 10^2 或 10^3。

表 3-1　光散射数据计算

浓度	$\theta/(°)$	30	45	60	75	90	105	120	130
	$\sin\left(\dfrac{\theta}{2}\right)$								
c_1	$G_\theta^{c_1} - G_\theta^0$								
	$R_\theta(\times 10^{-4})$								
	$Y(\times 10^{-6})$								
	$\sin^2\left(\dfrac{\theta}{2}\right)+Kc$								
c_2	$G_\theta^{c_2} - G_\theta^0$								
	$R_\theta(\times 10^{-4})$								
	$Y(\times 10^{-6})$								
	$\sin^2\left(\dfrac{\theta}{2}\right)+Kc$								
...	...								

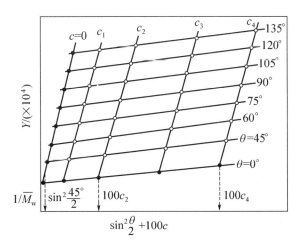

图 3-4　应用双重外推技术的典型 Zimm 图
。为实验点；·为外推点

将各 θ 角的数据连成的直线外推至 $c=0$；各浓度所测数据连成的直线外推至 $\theta=0$，可以得到以下各式。

$$[Y]_{\theta=0,\ c=0} = \frac{1}{\overline{M}_w} \tag{3-17}$$

可以求出重均分子量 $\overline{M}_w$。

$$[Y]_{\theta=0} = \frac{1}{\overline{M}_w} + 2A_2 c \tag{3-18}$$

从直线的斜率求出第二维利系数 A_2，它反映高分子与溶剂相互作用的大小。

$$[Y]_{c=0} = \frac{1}{\overline{M}_w} + \frac{16\pi^2}{3\overline{M}_w \lambda^2} \overline{s^2} \sin^2\frac{\theta}{2} \tag{3-19}$$

从直线的斜率 $\dfrac{16\pi^2}{3\overline{M}_w \lambda^2}\overline{s^2}$ 可计算大分子在溶液中的均方回转半径 $\overline{s^2}$，它表征大分子链在溶液中的形态。对于无规线团，可由下式计算大分子的均方末端距 $\overline{h^2}$

$$\overline{h^2} = 6\overline{s^2} \tag{3-20}$$

本实验为宽角光散射法。现已有小角激光光散射仪，测定所用的散射角小于 $7°$，可以近似认为 $\theta\to0$，根据大分子溶液散射光内干涉原理，当 $\theta=0$ 时，不存在内干涉现象。所以不论散射分子的大小及形状，其散射函数 $P(\theta)=1$，故不需要进行内干涉校正。只需从一组浓度依次递减的稀溶液的光散射数据，简单的外推至 $c=0$ 即可求得试样的重均分子量 $\overline{M}_w$ 及表征高分子与溶剂相互作用的第二维利系数 A_2。

 思考题

1. 光散射测定中为什么特别强调要除尘净化？
2. 讨论光散射法适宜测定分子量范围是多少？

3. 使用光散射仪应注意什么问题？

4. 如何将光散射法应用于共聚物或共混物？在光散射实验中若使用混合溶剂，应注意什么问题？

 参考文献

[1] 郑吕仁. 高聚物分子量及其分布. 北京：化学工业出版社，1986.

[2] 复旦大学化学系高分子教研组. 高分子实验技术. 上海：复旦大学出版社，1983.

[3] 冯开才，等. 高分子物理实验. 北京：化学工业出版社，2004.

实验四　凝胶渗透色谱法测定聚合物的分子量及分子量分布

一、实验目的

1. 了解凝胶渗透色谱法 GPC 测定分子量及分子量分布的原理。

2. 掌握 GPC 法测定聚合物的分子量及分子量分布的实验技术及数据处理。

二、实验原理

凝胶渗透色谱法（gel permeation chromatography，GPC）是 20 世纪 60 年代发展起来的一种新型液相色谱。它利用高分子溶液通过填充有特种凝胶的柱子把聚合物分子按尺寸大小进行分离或分级，直接测定聚合物的分子量分布，并计算出聚合物的各种平均分子量，也能用于测定聚合物内小分子物质、聚合物支化度及共聚物组成等，GPC 现已成为聚合物研究的重要分析手段。

凝胶色谱法的分离机制是根据分子的体积大小和形状不同而达到分离目的，即体积排除机理起主要作用，因此 GPC 又称体积排除色谱（size exclusion chromatography，SEC）。

GPC 法分离聚合物与沉淀分级法或溶解分级法不同。聚合物分子在溶液中依据其分子链的柔性及聚合物分子与溶剂的相互作用，可取无规线团、棒状或球体等各种构象，其尺寸大小与其分子量大小有关。GPC 法是利用不同尺寸的聚合物分子在多孔填料中孔内外分布不同而进行分离分级，而沉淀分级法或溶解分级法则是依据溶解度与聚合物的分子量相关性分级。

GPC 色谱柱装填的是多孔性凝胶（如最常用的高度交联聚苯乙烯凝胶）或多孔微球（如多孔硅胶和多孔玻璃球），它们的孔径大小有一定的分布，并可与待分离的聚合物分子尺寸相比拟。当被分析的样品随着淋洗溶剂（流动相）进入色谱柱后，体积很大的分子不能渗透到凝胶孔穴中而受到排阻，只能从凝胶粒间流过，最先流出色谱柱，即其淋出体积（或时间）最小；中等体积的聚合物可以渗透到凝胶的大孔，而不能进入小孔，产生部分渗透作用，比体积大的分子流出色谱柱的时间稍晚，淋出体积稍大；较小的分子能渗入凝胶内部的全部孔穴中，而最后流出色谱柱，淋出体积最大。因此，聚合物淋出体积与其分子量有关，分子量越大，淋出体积越小。分离后的高分子按分子量从大到小被连续淋洗出色谱柱并进入浓度检测器。

色谱柱的总体积 V_t 包括 3 部分：

$$V_t = V_g + V_0 + V_i \tag{4-1}$$

式中，V_g 为填料的骨架体积；V_0 为填料微粒紧密堆积后的粒间空隙，V_i 为填料孔洞的体积。$(V_0 + V_i)$ 是聚合物分子可利用的空间。由于聚合物分子在填料孔内、外分布不同，故实际可利用的空间为

$$V = V_0 + KV_i \tag{4-2}$$

式中，K 为分布系数，其数值 $0 \leq K \leq 1$，与聚合物分子尺寸大小和在填料孔内、外的浓度比有关。当聚合物分子完全排除时，$K=0$；在完全渗透时，$K=1$。尺寸大小（分子量）不同的分子有不同的 K 值，因此有不同的淋出体积 V_e（图 4-1）。当 $K=0$ 时，$V_e = V_0$，此处所对应的聚合物分子量，是该色谱柱的渗透极限（PL），聚合物分子量超过 PL 值时，没有分离效果。实验表明，聚合物分子尺寸（常以等效球体半径表示）与分子量有关，在色谱柱可分离的线性部分，淋出体积与分子量可以表示为

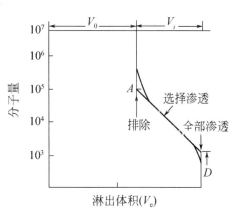

图 4-1　GPC 分离范围

$$\lg M = A + BV_e \tag{4-3}$$

式中，A、B 为与聚合物、溶剂、温度、填料及仪器有关的常数。

通过使用一组单分散性分子量不同的试样作为标准样品，分别测定它们的淋出体积 V_e 和分子量，做 $\lg M$ 对 V_e 直线，可求得特性常数 A 和 B。这一直线就是 GPC 的校正曲线。待测聚合物被淋洗通过 GPC 柱时，根据其淋出体积，就可从校正曲线上算得相应的分子量。

但是除了聚苯乙烯、聚甲基丙烯酸甲酯等少数聚合物的标样以外，大多数的聚合物的标样不易获得，多数时候只能借用聚苯乙烯的校正曲线，因此测得的分子量只具有相对意义。

按照 GPC 的原理，其分离机理是按照分子尺寸大小来分级的，与分子量只是一个间接关系。分子量相同的不同类型聚合物或者同一类型不同支化度的聚合物，分子尺寸也不一定相同。但是，流体力学体积相同的聚合物具有相同的淋出体积。采用流体力学体积来标定可得到普适校正曲线。

若聚合物 A 和聚合物 B 的淋洗体积 V_e 相同，则有

$$[\eta]_A M_A = [\eta]_B M_B \qquad (4\text{-}4)$$

把 Mark-Houwink 方程 $[\eta] = KM^{\alpha}$ 代入式（4-4），整理得

$$\lg M_A = \frac{1+\alpha_B}{1+\alpha_A}\lg M_B + \frac{1}{1+\alpha_A}\lg\frac{K_B}{K_A} \qquad (4\text{-}5)$$

因此，通过实验测定或查阅文献得出标准样品（通常用聚苯乙烯）和待测样品的 K 和 α，就可以用式（4-5）从标准样品的淋洗体积-分子量曲线，求出待测高分子的淋洗体积-分子量曲线。

商品 GPC 仪的浓度检测一般用示差折光仪直接测量溶液的折射率与淋洗液的折射率的差值。对于大多数样品都可以找到既可溶解该样品又具有不同折射率的溶剂，所以示差折光检测器是通用型的检测器。该种检测器对温度比较敏感。如果样品在紫外光波区有吸收而溶剂无吸收，则可用紫外吸收检测器，这种检测器的灵敏度非常高，能检测出 10^{-9}g 级的溶质，且受温度、流速的影响比较小。

先进的 GPC 仪除了浓度检测器外，还附有分子量检测器，这样可不经校正曲线转换即可以得到分子量及其分布的数据。目前已经应用的分子量检测器有自动黏度计和小角激光光散射检测器。

三、实验仪器及原料

商用 GPC 仪主要由输液系统（柱塞泵）、进样器、色谱柱、浓度检测器、分子量检测器及一些附属电子仪器组成，其工作流程如图 4-2 所示。

流动相（THF）1000mL、聚合物样品（如 PS）10mg、样品瓶、注射器（1mL）、流动相脱气系统、样品过滤头。

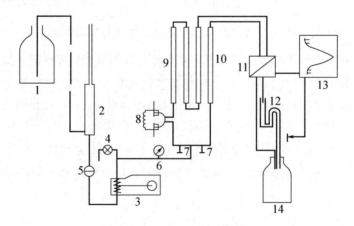

图 4-2　GPC 仪工作流程

1—储液瓶；2—除气瓶；3—输液瓶；4—放液阀；5—过滤器；6—压力指示器；
7—调节阀；8—六通进样阀；9—样品柱；10—参比柱；11—示差折光检查器；
12—体积标记器；13—记录仪；14—废液瓶

本实验所使用的 Waters Breeze 凝胶渗透色谱仪的主要部件及其作用为：①1515HPLC

泵，溶剂传输系统，可以恒比例洗脱；②717plus 自动进样器，用于 48（4）或 96（2）盘位自动进样；③Styragel 色谱柱，由 HR1、HR3 和 HR4（尺寸为 7.8mm×300mm）三种型号串联，可分离不同分子量的聚合物样品；④柱温箱，保持柱温恒定；⑤2417 示差检测器，用于连续监测参比池和测量池中溶液的折射率之差，得出样品浓度；⑥计算机，控制各种参数（如柱温、流量等），记录和分析实验数据结果。

四、实验步骤

1. 准备工作

（1）溶剂准备　所用溶剂（四氢呋喃）通常需经过蒸馏除去杂质，使用前，还需经过脱气排除溶解在溶剂中的氧气和氮气。所用溶剂的量通常为每个样品需 150mL 左右。脱气后的溶剂倒入溶剂瓶中，并确认管路中无气泡（否则，要打开泵的排气阀进行排气）。

（2）样品准备　将标准聚苯乙烯样品和未知聚苯乙烯试样完全溶解在四氢呋喃溶剂中，通常为每 10mg 样品溶解在 1mL 溶剂中。然后使用过滤头过滤除去固体颗粒，将滤液注入样品管中，并在样品管上贴上标签，注明样品的编号。

2. 测试

（1）开机　打开计算机，开启仪器各部件的电源开关，待各部件自检完毕后，计算机上将出现操作界面。

（2）放置样品　打开自动进样器盖子，待进样器所发出的响声停止后，取出样品盘，将样品按顺序从 1 号开始放入样品盘中，再将样品盘放回自动进样器。

（3）设定参数　柱温，40℃；流量，1mL/min；进样量，一般设为 20μL。

（4）建立样品组　在样品组（Sample Queue）界面下，单击 "Open Sample Set Method"，从列表中选择 "My Sample-Set"，然后单击 "Open"，一个样品组方法将出现在 "Sample Queue" 工作区中，在此基础上修改，确保输入的信息正确后，从 "File" 菜单中选择 "Save Sample Set Method"，在 "Name" 文本框中输入样品组方法的名称（如 "ABC"），然后单击 "Save"。

（5）运行方法　单击采集栏中的 "Run Current Sample Set Method"，将出现 "Run Sample Set" 对话框，在 "Name for this sample set" 中输入样品组名，在 "Settings for this sample set" 中选择 "Run Only"，则该方法开始运行，"Sample Queue" 工作区将切换到 "Running" 表，而当前正在运行的样品组将显示为红色。

按照以上方法分别测定标准聚苯乙烯样品组和未知聚苯乙烯样品组的数据。

若为手动进样，则在选择 "Run only" 方法开始运行后，出现 "Run Sample set, Waiting" 字样后才可进样。先将进样口把柄扳正（垂直位置），然后插入进样器，进样，扳回把柄（顺时针扳，进样器先不拔出），等约 30s 后拔出进样器，45min 后，出现进样口图像时，则可进第二个样，依此类推。

3. 实验数据处理

（1）建立处理方法　在主菜单界面上单击命令栏中的 "Find Data"，将出现查找数据的界面。这时，在 "Sample Set" 下选取要处理的样品所在的样品组，双击。选最小分子量的标准样品数据双击，再双击，出现对话框，按"Yes"后界面将出现该标样的色谱图。单击"Processing Parameters Wizard"，又出现一个对话框，单击"Start New Processing Parameters"后按"OK"。使用鼠标左键，放大所关注的色谱峰，选择合适的积分参数，在以后出现的对话框分别选择"Relative"和"5th Order"，在"Method Name"中输入所建方法的文件名（如XYZ，下文将用XYZ文件名为例），然后单击"Finish"，并从"File"菜单中选择"Save all"存储该方法。

（2）建立校正曲线　单击命令栏上的"Find Data"，在"Sample Set"下选中要处理的标准样品所在的样品组，双击。选择所需处理的所有标准样品数据，单击![]，出现如图4-3所示的画面，然后进行如下的操作。

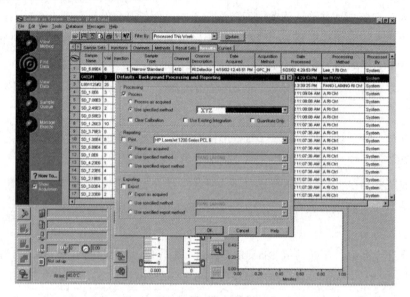

图4-3　仪器运行操作窗口

在"Use specified method"对话框内选择刚建立的处理方法名（XYZ），按"OK"，则建立了一条校正曲线。在"Result"下按"Update"，则出现刚处理的标准样品名，双击。则出现该标样的色谱图，点击![]，出现该标样的保留时间，点击![]，出现该标样的分子量信息，如对自动积分的结果不满意，可以单击![]（Processing Parameters Wizard），选择"keep the calibration curve"，进行调整。点击![]即可看到整条校正工作曲线。

（3）处理样品　单击命令栏上的"Find Data"，在"Sample set"下选中要处理的未知聚苯乙烯试样所在的样品组，双击。选择所需处理的样品数据，单击![]，在"Use specified method"对话框内选择所需的处理方法名（XYZ），按"OK"，如图4-4。在"Result"下按"Update"，则出现刚处理的未知聚苯乙烯试样样品名，双击，则出现该样品的色谱图，点击![]，出现该样品的保留时间，点击![]，出现该样品的积分结果，即所需的分子量分布的信息。如对自动积分的结果不满意，可以单击![]（Processing Parameters Wizard），选择"keep the calibration curve"，进行调整。或改变 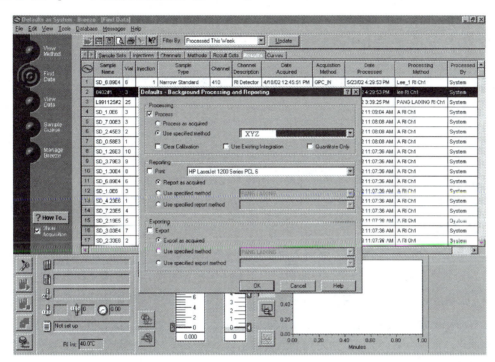 和 的范围进行调整。

（4）打印报告　单击命令栏上的"Find Data"，在"Result"下选择已处理好需要打印的未知聚苯乙烯试样样品名，按，在出现的对话框中选择"Broad unknown universal"报告格式，按"print"，选择页数范围，按"OK"。

图 4-4　仪器运行操作窗口

五、注意事项

1. 保证溶剂的相容性，避免使用对不锈钢有腐蚀性的溶剂。

2. 由于每个样品的进样是在其整个测试（一般为 45min）过程的头 5min，因此严禁在此时取出样品盘。

3. 严格按照实验操作步骤操作，通常在样品测试过程中，学生只用"Find Data"，"View Data"和"Sample Queue"命令栏的命令，其他命令栏应在老师指导下操作。

4. 对仪器的维护和保养进行记录。

 思考题

1. GPC 的分离机理与气相色谱的分离机理有什么不同？

2. 温度、溶剂的优劣对高分子色谱图的位置有什么影响？

3. 讨论进样量，色谱柱的流速对实验结果有无影响。

4. 同样分子量的样品，支化度大的和线型分子哪个先流出色谱柱？

参考文献

[1]　Moore J.C. J.Polymcr.Sci., 1964, A2: 835.

[2]　施良和. 凝胶色谱. 北京: 科学出版社, 1980.

[3]　虞志光. 高聚物分子量及其分布的测定. 上海: 上海科学技术出版社, 1984.

[4]　冯开才, 等. 高分子物理实验. 北京: 化学工业出版社, 2004.

[5]　符若文, 等. 高分子物理. 北京: 化学工业出版社, 2005.

实验五　密度梯度管法测定聚合物的密度及结晶度

一、实验目的

1. 掌握密度梯度管法测定聚合物密度的基本原理和方法。
2. 学会以连续注入法配制密度梯度管的技术及密度梯度管的标定。
3. 利用文献上某些结晶性聚合物晶区和非晶区的密度数据计算结晶度。

二、基本原理

密度是一个宏观的物理量, 定义为单位体积内的物质质量。按密度的定义, 密度的测定实质为物体质量和体积的测定。一般适用于低分子物质密度测定的方法原则上均适用于聚合物。如测定聚合物溶液的密度可用比重瓶、比重管和韦氏天平, 测定固体聚合物密度的方法也与测定低分子物质的相似, 可用比重瓶法、韦氏天平法、膨胀计法和等密度法等。前三者均把样品准确称量, 然后应用不同的方法测出样品的体积, 以求得密度。比重瓶法、韦氏天平法用阿基米德原理测体积; 膨胀计法则利用体积的加和性直接读出; 等密度法也是应用阿基米德原理。密度梯度管法属于等密度法的一种。

密度梯度管亦称比重梯度管。取两种能以任何比例混溶且密度不同的液体, 分别以不同的比例混溶, 然后让其慢慢流入梯度管中, 这样就构成了溶液密度连续改变的梯度管, 向管内投入 4～6 个已准确标定密度的玻璃小球 ($\phi \approx 3mm$), 玻璃小球在管中的相对高度反映了液体密度的梯度分布。如果以密度对管的高度作图, 通常可以得到一条直线。密度梯度管的标定曲线如图 5-1 所示。如向梯度管中投入一小块不溶于该混合液的聚合物试样, 根据试样在管中浮动的相对位置, 就可以从标定直线上查得其密度。

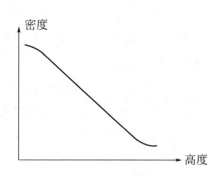

图 5-1　密度梯度管的标定曲线

聚合物的结晶常常是晶相与非晶相共存的两相结构, 晶相结构排列规则, 堆砌紧密, 因而密度大; 而非晶结构排列无序, 堆砌松散, 密度小。所以, 晶区与非晶区以不同比例两相共存的聚合物, 结晶度的差别反映了密度的差别。

测定聚合物样品的密度, 便可求出聚合物的结晶度。

密度梯度管的配制方法一般有 3 种方法。①两段扩散法。先把重液倒入梯度管的下半段（为总液体量的一半），再把轻液非常缓慢地沿管壁倒入管内的上半段，两段液体间保持清晰的界面。然后用一根长的搅拌棒轻轻插至两段液体的界面作旋转搅动至界面消失。梯度管盖上磨口塞后，平稳移入恒温槽中放置约 24h 或几天后，梯度管可以使用。②分层添加法。将重液和轻液配成一系列不同比例的混合液，其密度相继有一定差数，然后依次由重而轻取等体积的各种混合液一层层小心缓慢地加入管中，恒温放置数小时后梯度管即可稳定。③连续注入法。配制密度梯度管的装置如图 5-2 所示，A、B 是两个同样大小的玻璃圆筒，A 盛着密度为 ρ_1 的轻液，它以体积流率 q_{V_1} 流向 B 筒，B 盛着初始密度为 ρ_2 的重液，它以体积流率 q_{V_2} 流入梯度管。设 A、B 两筒初盛有的液体体积均为 V_0，则当开始流动时 B 筒的密度及体积就发生了变

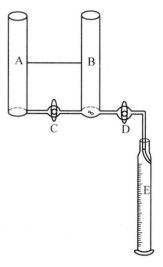

图 5-2　梯度密度管配制装置
A—轻液容器；B—重液容器；
C、D—活塞；E—梯度管

化，它们分别用 ρ 和 V_2 来表示。显然梯度管中液体的密度变化与 B 筒的变化是一致的，即当 B 筒中液体密度为 ρ 时，该时流入梯度管的液体的密度也为 ρ。令此时累积于梯度管中液体体积为 V，则它们之间有如下关系

$$\frac{\mathrm{d}\rho}{\mathrm{d}t} = (\rho_1 - \rho_2)\frac{q_{V_1}}{V_2} \tag{5-1}$$

$$\frac{\mathrm{d}V_2}{\mathrm{d}t} = q_{V_1} - q_{V_2} \tag{5-2}$$

$$\frac{\mathrm{d}V}{\mathrm{d}t} = q_{V_2} \tag{5-3}$$

如果忽略两种不同密度的液体在混合时的体积变化和体积流率 q_{V_1}、q_{V_2} 随溶液液面降低的变化，即把它们当作理想液体和把 q_{V_1}、q_{V_2} 当作常数。当 A 筒向 B 筒开始流的瞬间，即 $T=0$ 时，B 筒的体积为 V_0，在 t 时刻时，B 筒的体积为 V_2，式（5-2）两边同乘以 $\mathrm{d}t$ 并积分得

$$\int_{V_0}^{V_2}\mathrm{d}V = \int_0^t \left(q_{V_1} - q_{V_2}\right)\mathrm{d}t$$

此式的解为 $V_2 = V_0 + \left(q_{V_1} - q_{V_2}\right)t$

代入式（5-1）得

$$\mathrm{d}\rho/\mathrm{d}t = (\rho_1 - \rho_2)q_{V_1}/\left[V_0 + \left(q_{V_1} - q_{V_2}\right)t\right] \tag{5-4}$$

当控制流速很慢时，亦即当 A、B 两筒的液面在任一瞬间都保持水平时，对任一时刻流

入梯度管的体积为 A 筒流入 B 筒体积的两倍。即 $q_{V_2} = 2 q_{V_1}$，则式（5-4）可化为

$$\rho = \rho_2 - (\rho_2 - \rho_1)\frac{V}{2V_0} \tag{5-5}$$

若所选用的梯度管大小是均匀的，并设梯度管的圆柱截面积为 S，与累积体积对应的柱高为 H，则 $V=HS$。式（5-5）即成为

$$\rho = \rho_2 - \frac{(\rho_2 - \rho_1)S}{2V_0}H \tag{5-6}$$

式（5-6）说明梯度管的密度分布与其高度呈线性关系。但若配制的梯度管的测量范围过大，即 ρ_1 和 ρ_2 的差值过大时，由于在配制过程 A、B 两筒液体的压强始终保持平衡，所以 A、B 两筒的液面在任一瞬间都保持水平的条件就不能满足（密度小的 A 液要下降多些），因而 ρ 与 H 关系将成为指数关系，曲线呈现向下弯的形状。但也可以进行曲线拟合标定，用于测定密度。

通过密度测定可以对其他与密度有关的方面进行研究。例如，聚合反应过程中密度的变化可以研究聚合反应进程和聚合速率。聚合物结晶过程中密度会发生变化，我们可以通过测定密度来研究结晶度和结晶速率。拉伸、退火可以改变取向度或结晶度，也可以通过密度来进行研究。在分析鉴定方面，密度也是一个重要的参考数据，尤其对许多结晶聚合物，密度与结晶度关系密切。结晶度对聚合物的许多物理和化学性能及其应用都有很大的影响，因此，通过对聚合物密度测定，可计算聚合物结晶度，研究聚合物结构状态，进而控制聚合物材料的性质。

本实验采用密度梯度管法，其装置操作不会比一般方法复杂。当操作严格，管的长度选择适当、在制备和进行实验时严格控制温度，精确度可达小数点后六位，而且它具有能同时测定一定范围内多个不同密度的样品的优点，尤其对很小的样品或者是密度改变极小、需要高灵敏度的测定方法来观察密度改变的情况下，使用非常方便和灵敏。

三、实验仪器及原料

密度梯度管、电磁搅拌器、恒温槽一套、烧杯、量筒、标准玻璃小球等。PC、结晶 PET 及非晶 PET 等塑料粒子。

四、实验步骤

1. 密度梯度管的配制

原则上任意两种密度不同、能以任何比例混溶且对被测定聚合物不溶解和无溶胀作用的液体均可选用作配制梯度管的轻液和重液。对于密度小于 $1g/cm^3$ 的 PE、PP 等试样可选用乙醇-水体系，对于相对密度大于 $1g/cm^3$ 的 PS、Nylon 等可选用不同浓度的无机盐水溶液。本实验测定聚对苯二甲酸乙二醇酯（PET，其密度为 $1.335 \sim 1.460g/cm^3$）等，重液的密度与梯度管的下限密度相等，轻液的密度可从式（5-7）求出。

因为
$$\rho = \rho_2 - (\rho_2 - \rho_1)\frac{V}{2V_0}$$

所以

$$\rho_1 = \rho_2 - (\rho_2 - \rho)\frac{2V_0}{V} \tag{5-7}$$

具体计算时，ρ 取测量范围的最小密度，对应的 V=240mL，即比 250 低 10mL，V_0=[（250/2）+25]=150（mL），25mL 是流满梯度管刻度达 250mL 后，B 筒残余的液量，必须保证搅拌不打入气泡。ρ_2 取重液值，代入式（5-7）便可估算出 ρ_1。选用 $ZnCl_2$-H_2O 体系。装置如图 5-2 所示，操作步骤如下。

① 关闭活塞 C、D。

② 在 B 筒装入 150mL 重液，在 A 筒装入与重液的压强相等所需要体积的轻液。假设 A 管和 B 管的直径相等，则轻液的体积是（ρ_2/ρ_1）×150mL，为避免支管中残留气泡，操作时先装入部分重液（轻液），让其充满支管后再装入其余重液（轻液）。并在 B 筒放入搅拌子。

③ 将仪器水平地夹在电磁搅拌器上，B 筒处在搅拌器中央。

④ 出口处接上毛细管，毛细管端紧贴梯度管壁。

⑤ 开动电磁搅拌器，先开活塞 C，再开活塞 D，控制流速 6～8mL/min，直到流满梯度管。

2. 标准玻璃小球的烧制与密度的标定

取几支普通玻璃管，拉成 1～3mm 直径的毛细管，用小火焰隔 2～3mm 长度熔断，再将其烧成直径为 3mm 左右的空心小球。

控制恒温槽温度为（20±0.05）℃，把盛 $ZnCl_2$ 水溶液的量筒置于恒温槽中，使小球浮于量筒中部，稳定 15min，用标准密度计测定溶液的密度，即得到已知标准密度的玻璃小球，标好记号后备用。

3. 梯度管的标定和高分子密度的测定

选用不同密度的已标定的玻璃小球 4～6 个，投入已配制好的密度梯度管中，静置 10min，读取玻璃小球在管中的相对高度。过 15min 再读一次，作出 ρ-H 标定曲线。

取 2～3mm 大小的结晶与非结晶的涤纶树脂各 3 块、NY-66、PC、PMMA、PVC 各 3 块，用 B 筒残余液浸润片刻，避免附着气泡，用镊子夹持试样在滤纸上吸去残余液后靠近液面投入梯度管中，15min 后读取试样在管中的相对高度，30min 后再读一次，在 ρ-H 曲线上找出对应的密度。

4. 标准小球回收

用塑料小勺将标准小球从轻到重依次捞起，用清水洗净，分别装入标记了该球准确密度的塑料密封袋内，签上实验者姓名，交回指导教师。密度梯度管内液体经漏斗过滤回收到指定试剂瓶中。

五、数据记录及处理

1. 密度梯度管的标定

按下表记录实验数据，并作出 ρ 对 H 的标定曲线。

小球密度 ρ/（g/cm³）						
10min 时小球高度 h/mL						
25min 时小球高度 h/mL						

2. 试样密度的测定

试样名称						
15min 时试样高度 h/mL	1.2.3	1.2.3	1.2.3	1.2.3	1.2.3	1.2.3
30min 时试样高度 h/mL	1.2.3	1.2.3	1.2.3	1.2.3	1.2.3	1.2.3
平均高度 h /mL						
查得密度 ρ /（g/cm³）						

3. 结晶度的计算

从文献中查得涤纶晶区密度 $\rho_C=1.46$g/cm³，非晶区密度 $\rho_A=1.335$g/cm³，根据公式

$$f_c^V = \frac{\rho - \rho_A}{\rho_c - \rho_A} \times 100\% \qquad f_c^W = \frac{\rho_c(\rho - \rho_a)}{\rho(\rho_c - \rho_a)} \times 100\%$$

分别求出其体积结晶度和质量结晶度。

【附1】常用的密度梯度管溶液体系及密度范围

体系	密度范围 ρ/（g/cm³）	体系	密度范围 ρ/（g/cm³）
甲醇-苯甲醇	0.80～0.92	水-溴化钠	1.00～1.41
异丙醇-水	0.79～1.00	水-硝酸钙	1.00～1.60
乙醇-水	0.79～1.00	四氯化碳-二溴丙烷	1.59～1.99
异丙醇-缩乙二醇	0.79～1.11	二溴丙烷-二溴乙烷	1.99～2.18
乙醇-四氯化碳	0.79～1.59	二溴乙烷-溴仿	2.18～2.29
甲苯-四氯化碳	0.87～1.59	氯化锌-乙醇/水	0.80～1.70

【附2】某些聚合物晶态及非晶态的密度

聚合物	密度 ρ/（g/cm³）		聚合物	密度 ρ/（g/cm³）	
	ρ_C	ρ_A		ρ_C	ρ_A
天然橡胶	1.00	0.91	高密度聚乙烯	1.014	0.854
尼龙-6	1.230	1.084	全同聚丙烯	0.936	0.854
尼龙-66	1.220	1.069	等规聚苯乙烯	1.120	1.052
聚对苯二甲酸乙二醇酯	1.455	1.335	聚甲醛	1.506	1.215
			全同聚 1-丁烯	0.95	0.868

【附3】液滴法标定梯度管介绍

标定梯度管的方法除了本实验采用的标准玻璃小球法，还可采用液滴法。例如，对于水溶液体系的梯度管，配置各种密度的四氯化碳（1.60g/cm³）-二甲苯（0.86g/cm³）溶液，用吸管吸取各溶液，将溶液滴珠小心滴入梯度管中，根据液滴的密度与在管中的高度作出 ρ-H 标定曲线。

 思考题

1. 玻璃小球的密度在20℃时标定，为什么可以在30℃时作梯度管的标定？

2. 如何保证梯度管分布好并稳定？如何提高测定的灵敏度？

3. 涤纶样品密度为 1.335～1.46g/cm³，重液 CCl_4 的密度为 1.59g/cm³，试估计轻液的密度多少较为合理？

 参考文献

[1] E.L.麦卡弗里著. 高分子化学实验室制备. 蒋硕健，等译. 北京：科学出版社，1981.

[2] 徐端夫. 高分子通讯，1958，（2）：201；1959，（3）：89.

[3] 贺金娴. 塑料工业，1981，（6）：32.

[4] 冯开才，等. 高分子物理实验. 北京：化学工业出版社，2004.

[5] 塑料 非泡沫塑料密度的测定 第2部分：密度梯度柱法：GB/T 1033.2—2010.北京：中国标准出版社，2010.

实验六　膨胀计法测定聚合物的结晶动力学参数

一、实验目的

学习用膨胀计法测定聚合物结晶动力学的原理及方法。

二、基本原理

结晶聚合物可以从溶液中结晶，也可以经熔体冷却结晶。结晶的条件不同，晶体的形态及大小也不同。聚合物结晶是合成纤维和塑料加工成型过程中的一个重要现象，它直接影响材料的使用性能。因此，测定聚合物结晶过程的参数及了解其影响条件，可以为生产上的工艺设计提供科学根据。用膨胀计法测定聚合物等温结晶动力学，是一种经典的方法。其原理是基于熔融样品结晶过程伴随体积收缩的变化。膨胀计法操作方便，所测量的物理量不需再经转换，可得到准确可靠的结果。但是，由于膨胀计法体系本身的热容量大，从样品熔融到结晶需要一定的时间，又加上温度变化引起的体积收缩和聚合物结晶所产生的体积收缩很难加以区别，所以在结晶诱导期很短的场合，难以得到可靠的结果。

结晶过程包括成核和晶体生长两个阶段。成核又分为均相成核或异相成核两种情况。异相成核作用，是以异物为成核剂而大分子链绕它发生初始取向排列。这些异物可以是链尾、外来杂质、存留的催化剂、未完全熔融的残存结晶高分子或外加成核剂等。晶核的数目和分布依赖于这些成核的晶格点的含量和分布。均相成核作用是大分子本身聚集体取向而发生，有时称为散乱成核作用，即通过熔体的热胀冷缩导致分子的"结晶团簇"不断地形成与消失，当团簇等于或大于某一临界尺寸时即作为初始晶核。故均相成核通常有一个诱导期，晶核的数目随着时间而增加。

在高过冷度时，均相成核作用进行得较快，剪切或应力的作用有利于大分子取向及结晶的发生。在异相成核中，如果成核剂表面与熔体之间的相互作用很强，则成核容易，成核数目维持恒定，成核作用与时间无关。如果相互作用弱，则成核的数目开始随时间增加，然后保持恒量。

结晶作用的第二步是微晶体的生长，实质上这是一个次级成核的过程。所谓次级成核是更多的大分子链按链折叠的机理以单分子层沉积到初级晶核的表面上，形成两维生长，逐渐构成小晶粒，并继而晶体长大。因而晶体生长的速率受次级成核速率和大分子链扩散到生长体表面的快慢所控制。

由于结晶作用的全过程包括了成核和晶体生长两个阶段，因此结晶总速率是成核速率与生长速率的组合，而这两者均受温度影响，因此聚合物的结晶速率与温度有关。聚合物的结晶温度范围在玻璃化转变温度以上，熔融温度以下。

大量的实验表明，聚合物结晶速率最大的温度 T_{max} 大约在结晶熔点的 0.8 倍（$T_{max} \approx 0.8 T_m$，T 以 K 为单位）。这是因为成核速率与晶体生长速率依赖于温度的规律不同，因此，总的结晶速率的温度依赖性曲线 $G\text{-}T$ 有一峰值，如图 6-1 所示。可把 T_g 与 T_m 之间分为四个区。当温度高于 T_m 时，不会发生结晶。在 I 区，由于热运动仍较激烈，成核作用和晶体生长都难以进行。在 II 区，由于热运动仍较激烈，均相成核较困难，结晶速率 G 主要取决于成核速率，若是异相成核（成核

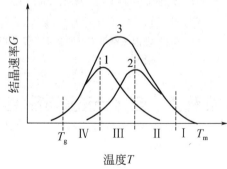

图 6-1 聚合物结晶速率与温度的关系曲线
1—成核效率；2—晶体生长速率；
3—结晶总速率 G

剂、杂质等），则由于分子扩散快，晶体生长较快，结晶速率较快。在 Ⅲ 区，由于均相成核已经较容易达到，加上晶体生长速率也较快，因此总的结晶速率就较大。到 Ⅳ 区，虽然成核速率快，但因分子链扩散慢，故总的结晶速率变慢。在 T_g 以下，链段运动被冻结时，结晶速率就趋于零。

必须注意的是，最快结晶温度所得的晶体，不一定是最完整的晶体。而在稍低于熔点下的较高温度下结晶，则晶核数目少，晶核长大时重排干扰小，结晶容易完整。

研究聚合物结晶过程，一般需研究它的结晶速率、结晶度和晶体长成的大小及其完善程度。结晶度指的是晶区所占的质量分数或体积分数。晶区的概念较含糊，用不同的方法所测得的数值往往不同。一般可用密度法，X 射线衍射法、热分析法等进行测定。晶体长成的大小及完善程度，可用光学显微镜、X 射线衍射法及电子显微镜等进行观察。

聚合物结晶速率的测定方法有多种。凡是能测定伴随结晶过程所发生的热力学、物理或力学性质的变化的方法，均可使用。最经典的方法是膨胀计法，它测定聚合物结晶过程比容的变化，结果较准确可靠，其缺点是测量系统的热容量大，自熔融温度降到结晶温度需要较长的热平衡时间，而且难以区别降温引起的体积收缩和结晶作用引起的体积收缩，因此，难以测定结晶速率较大的结晶过程。近年来，根据聚合物结晶过程热焓变化的 DSC 方法被较多地采用来研究聚合物的等温结晶及非等温结晶动力学。

在一定温度下观察膨胀计的测量介质水银的体积收缩随时间而变化，可得到聚合物的反 S 形等温结晶曲线，如图 6-2 所示，表明初期结晶的速率很慢，在一段较长的时间内体积收缩很少。然后体积收缩逐渐明显，并有一段急剧收缩的阶段，当结晶程度相当大之后，体积收缩又趋缓慢，要使整个结晶过程完成则需要非常长的时间，而且终点往往难以确定。因此，表征聚合物的结晶速率，不是用结晶全过程所需的时间，而是用结晶进程达极限结晶度一半所需的时间即半结晶时间 $t_{1/2}$。$t_{1/2}$ 越大，则结晶速率越小。

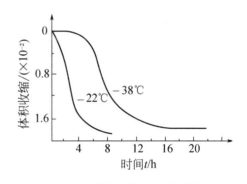

图 6-2　天然橡胶的等温结晶曲线

聚合物等温结晶动力学，可用 Avrami 方程来描述

$$f_c = f_\infty \left(1 - e^{-kt^n} \right) \tag{6-1}$$

$$1 - \frac{f_c}{f_\infty} = e^{-kt^n} \tag{6-2}$$

式中，f_c 为结晶时间为 t 时的结晶度；f_∞ 为极限结晶度；k 为结晶速率常数；n 为时间指数，又称 Avrami 指数。

用膨胀计中水银柱高度表示体积收缩情况时，上式可写成

$$\theta = (h_t - h_\infty)/(h_0 - h_\infty) = e^{-kt^n} \tag{6-3}$$

式中，θ 为未结晶体积分数；h_0、h_t、h_∞ 分别为结晶开始、居间和结束时的水银柱高度。式（6-3）两次取对数后变为

$$\lg(-\ln\theta) = \lg k + n\lg t \tag{6-4}$$

以 $\lg(-\ln\theta)$ 对 $\lg t$ 作图得直线，从截距可求结晶速率常数 k，斜率 n 与结晶的成核方式及晶体生长维数有关，见表 6-1。

表 6-1　Avrami 指数 n 与成核方式及生长方式的关系

晶体生长方式	均相成核	异相成核
三维生长	$n=4$	$3<n<4$
二维生长	$n=3$	$2<n<3$
一维生长	$n=2$	$1<n<2$

三、实验仪器及原料

玻璃毛细管膨胀计，如图 6-3 所示。膨胀计的规格为毛细管直径 0.3～0.8mm，长 40～50mm，支管长 10～12mm，样品用量 0.3～0.4g，可根据试样的结晶度来选定。其特点是：试样装于左边宽阔部分 A，而毛细管端口位于转弯的地方，由于试样比水银轻，当试样熔融时，不会堵住毛细管端口。此外，由于毛细管上端附有较宽阔的支管 B，可以存放水银，便于在抽气下装填水银和适应在不同温度下进行测定。

高温恒温油浴一套，电热炉等。

图 6-3　玻璃毛细管膨胀计

四、实验步骤

1. 膨胀计的装填、封闭和除气泡

取经过洗净烘干的膨胀计，从试样管 A 的开口处（虚线为未封管前）装入适量的试样（聚丙烯或聚乙烯），原则上应既使读数明显，又不至于使总收缩的体积超过毛细管测量部分的容积而使实验无法进行。然后把试样管口用煤气灯加热封闭。封口时应用湿布包住靠近火焰的 A 管部分，以免烧坏试样。

从膨胀计 C 口把水银装入 B 管，其量应比封装试样后的 A 管容量略多。把封闭好的 A 管部分放入约 120℃的加热炉中，将 C 管口接真空系统抽气，在 1mmHg（1mmHg=143.32Pa）以下继续抽气 15～20min 后，把水银经毛细管倾入 A 管。一般来说，仍会存在气泡，为此继续抽气 10min，然后把水银倒回 B 管，再抽气 10～20min，重新把水银从毛细管处倾入 A 管。如此反复操作直至无气泡，用坐标纸将毛细管标度。

2. 结晶动力学的测定

将待测试样膨胀计 A 部分放入已恒温的电热炉中，炉腔的温度一般应比待测聚合物的熔点高约 30℃。熔融时间约 15min。若水银装得过多，则把从毛细管顶端膨胀溢出的水银倾入 B 管储存（可再将 B 管多余水银倒出后，再重新熔融恒温）。

将膨胀计自电热炉中取出，立即放入已恒温的油浴中[控温精度为 $(T_c \pm 0.2)$℃]，并同时开始计时，读取水银柱高度 h。然后每隔 10s 记录一次水银柱高度。当水银收缩的速度慢时，可把记录时间间隔延长为 30s、1min 或更长时间，直至水银收缩基本停止，水银柱高度不再发生明显变化。

同上操作，测定不同结晶温度下的恒温体积收缩曲线。

五、数据处理

1. 把每一结晶温度下的毛细管水银柱高度 h 对读数时间 t_r 作图，并依图 6-4 的方法（切线法）标出 h_0，从曲线上求出 $t'_{1/2}$。

$$t_{1/2} = t'_{1/2} - t_0$$

2. 根据式（6-4）列表计算各读数点的 h、$t_{1/2}$、θ、$t = (t_r - t_0)$、$\lg[-\ln\theta]$、$\lg t$ 等值，以 $\lg[-\ln\theta] - \lg t$ 作图，求出结晶速率常数 k 和时间指数 n。

3. 对实验结果进行讨论。

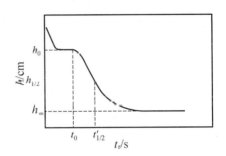

图 6-4　h 与 t_r 关系曲线

 思考题

1. 在结晶聚合物中加成核剂与否，对聚合物的结晶过程有何影响？
2. 膨胀计法测定结晶速率有何优缺点？实验中可采取什么措施以尽量克服某些缺点？

 参考文献

[1] 托博尔斯基 A V, 等. 聚合物科学与材料. 中国科学院长春应用化学研究所, 译. 北京: 科学出版社, 1977.

[2] 邓云祥, 等. 高分子化学、物理和应用基础. 北京: 高等教育出版社, 1997.

[3] 潘鉴元, 等. 中山大学学报: 自然科学版, 1984, (3): 44.

[4] 成都科技大学, 等. 高分子化学与物理学. 北京: 轻工业出版社, 1981: 165-175.

[5] 杨始堃, 等. 合成纤维工业, 1981, (4): 19.

[6] 冯开才, 等. 高分子物理实验. 北京: 化学工业出版社, 2004.

实验七　偏光显微镜法测定聚合物的结晶形态及球晶径向生长速率

一、实验目的

1. 了解偏光显微镜在聚合物聚集态结构研究中的作用。

2. 学习单晶和球晶的培养方法，测定球晶直径大小及球晶光性正负，并对聚合物的各种结晶形态及结晶生长过程进行观察。

二、基本原理

固体聚合物有非晶态（无定形）及晶态聚集结构，并且它们均可处于取向态及非取向态。聚集态不同，其光学性质亦有差异。一条天然光线在两种各向同性的介质的分界面上折射时，折射光线只有一条，但光线折入各向异性的介质中即分裂成两条光线（寻常光线 o 和非常光线 e）沿不同的方向折射，称为双折射。聚合物晶体像其他晶体一样，也是对光各向异性的。对光各向异性的介质最常见的是呈现光的双折射和光的干涉现象，所以可以利用具有偏振片的光学显微镜对聚合物结晶进行观察和研究。

当结晶条件不同时，结晶聚合物可以生成单晶或多晶体。从极稀的聚合物溶液，控制适当的条件，如缓慢降温或蒸发溶剂，可以培养出单晶体，如图 7-1 (a) 所示。从浓溶液或熔体冷却结晶，一般生成多晶聚集体，其形状有像树枝状的树枝晶，如图 7-1 (b) 所示，有发展成球状的叫作球晶，由于球晶中沿半径排列的微晶的排列方式不同，图像又各种各样，如图 7-1 (c)、(d)、(e)、(f)、(g)、(h) 所示。条件控制得当，这些球晶可以长到数微米或更大，用光学显微镜可以看见。

光学显微镜是指通过自然光或人工光源获得被观察物体图像的显微镜，极限分辨率约为 0.2μm，相当于放大 1000 倍左右。高分子材料结构研究的许多内容属于该尺寸范围，例如，聚合物的结晶形态、结晶过程和取向、共混或嵌段、接枝共聚物的区域结构、复合材料的多相结构以及聚合物液晶态结构等。根据构造不同，光学显微镜分为生物显微镜、偏光显微镜和金相显微镜等。在一般的光学显微镜（如生物显微镜）下观察，可以看到聚合物薄片的外观、材料的均匀性、所含粒子（如填料或杂质等）的大小及分布、裂纹等。用金相显微镜，则可以观察到不透明材料表面的上述现象。

用偏光显微镜在正交偏光镜下进行观察，因聚合物的聚集态不同，而呈现一些特殊的图像。对这些图像进行分析，可以对它们的内部结构作一些推测和判断，因而可作聚态结构的研究。例如，不同的样品，在正交偏光显微镜可观察到如下的图像。

① 非晶体（无定形）的聚合物薄片，因为是光均匀体，没有双折射现象，光线被两正交的偏振片所阻拦，因此视场是暗的，如 PMMA、无规 PS。

② 聚合物单晶体根据对于偏光镜的相对位置，可呈现出不同程度的明或暗图形，其边界和棱角明晰，当把工作台旋转一周时，会出现四明四暗。

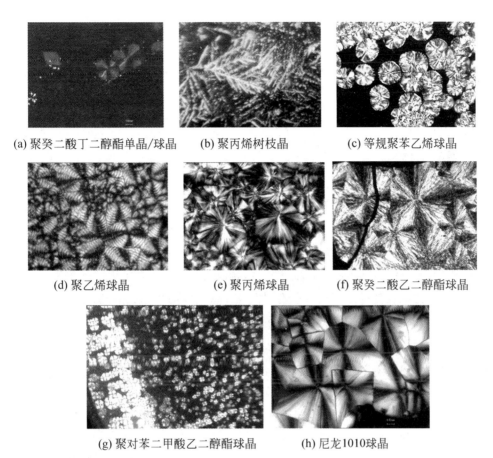

(a) 聚癸二酸丁二醇酯单晶/球晶　　(b) 聚丙烯树枝晶　　(c) 等规聚苯乙烯球晶

(d) 聚乙烯球晶　　(e) 聚丙烯球晶　　(f) 聚癸二酸乙二醇酯球晶

(g) 聚对苯二甲酸乙二醇酯球晶　　(h) 尼龙1010球晶

图 7-1　偏光显微镜下各种晶体形态

③ 球晶呈现特有的黑十字消光图像，黑十字的两臂分别平行起偏镜和检偏镜的振动方向。转动载物台，这种消光图像不改变，其原因在于球晶是由沿半径排列的微晶所组成，这些微晶均是光的不均匀体，具有双折射现象，对整个球晶来说，是中心对称的。因此，除偏振片的振动方向外，其余部分就出现了因双折射而产生的光亮。

球晶中，由于沿半径排列的微晶的排列方式不同，球晶图像又可粗分为两种：一种是聚丙烯、iPS 等，可见到从中心向外发射的条纹，称为放射状球晶；另一种是低压聚乙烯、聚癸二酸乙二醇酯等则可见到绕中心或相似于同心圆状的条纹，称为螺旋状球晶。这是由于晶片沿球晶半径作螺旋状排列而出现周期性的消光的结果。

④ 由微晶组成的晶粒或晶块，看不见黑十字图像，一般没有规整的边界和棱角。当把工作台旋转一周时，虽然其内部各点有可能发生明暗的变化，但整块来看，不会出现四明四暗的情况。

⑤ 当聚合物中发生分子链的取向时，会出现光的干涉现象。在正交偏光镜下多色光会出现彩色条纹。从条纹的颜色、多少，条纹间距及条纹的清晰度等，可以计算出取向程度或材料中应力的大小，这是一般光学应力仪的原理，而在偏光显微镜中，可以观察得更为细致。

⑥ 含有杂质、气泡、填料、玻璃纤维等的聚合物，其界面往往会出现诱导结晶或存在

内应力等现象，在正交偏光显微镜中均能观察到。

三、实验仪器及原料

1. 仪器

偏光显微镜、平板电加热装置、专用砝码、镊子、载玻片、盖玻片、聚合物结晶样片若干、PP、PE、PEG。

2. 偏光显微镜介绍

光学显微镜主要有生物显微镜、偏光显微镜及金相显微镜，从光学原理及结构来说，基本是相同的，不同点在于：①生物显微镜及偏光显微镜均为直接观察通过透明试样薄片的光，而金相显微镜则是观察从试样表面反射的光。因而前两者要求试样透明、薄，而后者要求观察面平整即可，在相同光源情况下，其光强往往较前者弱，摄影时曝光时间需较长。②偏光显微镜比生物显微镜多一对偏振片（起偏镜及检偏镜），因而能观察具有双折射的各种现象。有些金相显微镜也备有一对偏振片，因而具偏光显微镜的效能。

偏光显微镜的结构如图 7-2 所示。目镜和物镜使物像得到放大，其总放大倍数为目镜放大倍数与物镜放大倍数的乘积。起偏镜（下偏光）和检偏镜（上偏光）是由尼科尔镜或偏振片制成，尼科尔棱镜是根据全反射原理用方解石晶体按一定的工艺磨光制成的。偏振片是应用某些具有二色性的物质制成，如电气石晶体。目前生产的偏光显微镜大多用人造偏振片，一般用硝酸纤维素塑料或聚乙烯醇等透明物质制成薄片，在薄片的表面涂上一薄层二色性很强的物质微粒晶体，如硫化碘-金鸡纳霜等。偏振片的作用是使普通光变成偏振光。目前市售的偏光显微镜，其检偏镜多数是固定的，不可旋转。起偏镜都可旋转 0°～180°，以控制两个偏振光互相垂直（正交）。旋转工作台是可以水平旋转 360°的圆形平台，旁边附有标尺，可以直接读出转动的角度。工作台中央的圆孔是光线的通

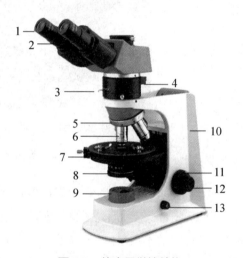

图 7-2　偏光显微镜结构

1—目镜；2—目镜筒；3—检偏镜；
4—勃氏镜；5—可调物镜转换器；
6—物镜；7—旋转工作台；8—聚光镜；
9—起偏镜；10—镜架；11—粗调手轮；
12—微调手轮；13—光亮度调节旋钮

道。工作台可放置显微加热台，借此研究在加热或冷却过程中聚合物结构的变化。微调手轮及粗调手轮用来调焦距。使用时先旋转微调手轮，使微动处于中间位置，再转动粗调手轮将镜筒下降使物镜靠近试样玻片，然后在观察试样的同时慢慢上升镜筒，直至看清物体的像，再左右旋动微调手轮使物体的像最清晰。切勿在观察时用粗调手轮调节下降，否则物镜有可能碰到玻片硬物而损坏镜头，特别在高倍时，被观察面(样品面)距离物镜只有 0.2～0.5mm，

一不小心就会损坏镜头。勃氏镜在一般情况不用，只有在高倍物镜下观看锥光图像时才将勃氏镜加进光路。

四、实验步骤

1. 聚合物样片的制备

① 熔融法制备聚合物球晶。首先把已洗干净的载玻片、盖玻片及专用砝码放在恒温熔融炉不锈钢加热板上，在选定温度（一般比 T_m 高 30℃）下恒温 5min，然后把少许聚合物（几毫克）放在载玻片上，并盖上盖玻片，恒温 10min 使聚合物充分熔融后，压上砝码，并轻轻压试样至薄并排去气泡，再恒温 5min，在熔融炉有盖子的情况下自然冷却到室温。有时为了使球晶长得更完整，可在稍低于熔点的温度恒温一定时间再自然冷却至室温。本实验制备聚丙烯（PP）和低压聚乙烯（PE）球晶时，分别在 230℃和 220℃熔融 10min，然后 PP 在 150℃，PE 在 120℃保温 30min，让其自然降温，在不同恒定温度下所得的球晶形态是不同的。如果将熔融状态的 PP 及 PE 直接放置在室温自然冷却结晶，结晶形态和等温结晶会有何不同？PP 与 PE 相比又有何差别？学生可自主尝试实验。

另一种制样法是把聚合物熔融后马上用冰冷却至无定形，然后在高十 T_g 的某一温度恒温一定时间后，自然冷却至室温，如 PET 用此法可培养较大较完整的球晶。

② 直接切片制备聚合物试样。在要观察的聚合物试样的指定部分用切片机切取厚度约为 10μm 的薄片，放于载玻片上，用盖玻片盖好即可进行观察。为了增加清晰度，消除因切片表面凹凸不平所产生的分散光，可于试样上滴加少量与聚合物折射率相近的液体，如甘油等。对较软的聚合物（如 PE），最好是冷冻下切取，否则极易弯曲或切不好。

③ 溶液法制备聚合物晶体试样。先把聚合物溶于适当的溶剂中，然后缓慢冷却，或用溶剂挥发法等使聚合物析出。常用的方法有两种。

一种是把聚合物溶液注在与其溶剂不相容的液体表面，让溶剂缓慢挥发后形成膜，然后用玻片把薄膜捞起来进行观察，如把聚癸二酸乙二醇酯溶于 100℃的溴苯中，趁热倒在已预热至 70℃左右的水上，控制一定的冷却速度，冷至室温即可。

另一种方法是把聚癸二酸乙二醇酯溶于呋喃甲醇中（90℃水浴）配成 0.02g/mL 的溶液。吸取几滴溶液，滴在载玻片上，用另一清洁载玻片盖好，静置于有盖的培养皿中，让其自行缓慢结晶。

本实验用 95%乙醇溶剂配制聚乙二醇（PEG）溶液，浓度为 0.25～0.35g/mL，控制溶剂挥发速度，观察聚乙二醇溶液结晶情况。

2. 聚合物聚集态结构的观察

① 推出检偏镜，按生物显微镜的用法对聚合物的表观及均匀性等进行观察。

② 在偏振片正交的情况下，对各种不同的聚合物，包括无定形聚合物、放射型和螺旋型球晶，单晶、树枝晶，晶粒，及其他多晶聚集体等的聚态结构进行观察，比较它们的异同，记录观察的图像及结果。

③ 球晶正负光性的测定。通过球晶双折射的研究可以确定球晶的正负光性。正光性球

晶沿着球晶半径方向振动光的折射率 n_r 大于沿着球晶切线方向振动光的折射率 n_t，即 $n_r > n_t$。负光性球晶则是 $n_r < n_t$。利用补色器测定球晶的正负光性时，在偏光镜正交的情况下，每个具有黑十字的发亮区域有一定的光程差，即颜色。补色器本身有光程差，如石膏一级红补色器光程差在 536～571nm 范围内干涉色为一级紫红色。如果补色器折射率大的方向与球晶区域的折射率大的方向相平行或接近平行，则两光程差就会相加。反之，如果补色器折射率大的方向与球晶亮区折射率小的方向平行，其光程差相减，测定球晶正负光性就是利用这个原理，如图 7-3 所示。在正交偏光显微镜下，将聚合物试样载玻片放在工作台上，把石膏一级红补色器插入镜筒的位置上，然后观察球晶，若第 I 象限颜色为蓝色，第 II 象限的颜色为黄色即为正光性球晶，若第 I 象限颜色为黄色，第 II 象限为蓝色即为负光性球晶。

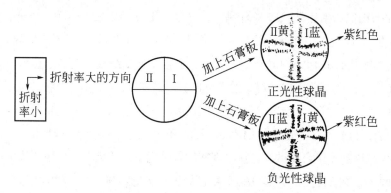

图 7-3　球晶正负光性测定原理

3. 球晶的生长及直径大小的测定

　　首先标定显微镜目镜分度尺，因为目镜测微尺每格绝对值随放大倍数不同而不同。对每种放大倍数下目镜测微尺的绝对值进行校正的方法是：推出检偏镜，把 0.01mm 测微尺置于工作台中央，调好焦距，使 0.01mm 测微尺清楚。移动工作台上测微尺，使与目镜测微尺平行且使零点重合，根据 0.01mm 测微尺绝对增量计算目镜测微尺每格绝对值数值，例如 80 倍下 0.01mm 测微尺 100 小格与目镜测微尺 62 小格重合，即目镜测微尺 1 小格绝对值= 0.01×100/62=0.016mm/格，用同样方法测定不同倍数的每格的绝对值。

　　将 PP 及 PEG 熔融炉中熔融制成样片后，迅速转移到载物台上，用低倍（如 10 倍）物镜观察 PP 及 PEG 降温过程的结晶现象，测定球晶的径向生长速率。

　　球晶直径或纤维直径以及物体中微粒子大小等的测定：把试样放在工作台中央，用目镜测微尺来量度它们占有的格数，并根据已标定的每格绝对值换算出它们的尺寸。

五、数据处理、结果与讨论

　　1. 记录制备 PP、PE、PEG 试样的条件、观察到的现象。

　　2. 记录各种聚合物样片所观察到的结晶形态及现象，并加以讨论。

　　3. 计算熔融结晶 PP 及 PEG 球晶半径大小及径向生长速率。

【附】使用偏光显微镜前的准备工作

1. 确定起偏镜或检偏镜振动方向

方法有几种，下面仅介绍两种。

① 黑云母薄片法。将检偏镜推出，只留起偏镜，观察工作台黑云母薄片。转动工作台，当黑云母解理与起偏镜的振动方向平行时黑云母吸收最强，此时黑云母呈深棕色；当解理与起偏镜的振动方向垂直时，黑云母吸收微弱，此时呈淡黄色，据此可确定起偏振镜的振动方向。

② 将起偏镜自显微镜上取下，通过此起偏镜比较大倾斜角观察任一光亮的反射表面，转动起偏镜至一最黑暗位置，即可确定起偏镜振动方向与水平方向（左右方向）垂直，因光亮表面反射来的部分偏振光振动方向始终是观察者的左右方向，所以仪器的偏振镜振动方向为观察者的左右方向。

2. 使起偏镜与检偏镜正交

将检偏镜推入，转动起偏镜观察到最暗位置时即是正交位置。

3. 显微镜中心校正

中心校正的目的在于使镜筒中轴、目镜中轴、物镜中轴和工作台的旋转轴严格地在一条直线上，此时旋转工作台，视场中心的物像不动，其余的物像则绕中心作圆周运动，如图7-4（a）所示。如发现视场内顶点不等距离旋转，如图7-4（b）所示，则需进行校正，校正方法如下。

① 将一晶体切片置于工作台中央，调好焦点。

② 在视场中找一小黑点，使位于目镜十字线中心 O。

③ 转动工作台180°，若小黑点移到 O' 处时，即小黑点距离黑十字丝中心 O 最远，需调节物镜座上两个螺丝使 S' 与 O 重合，这样小黑点 O' 便会移回 OO' 距离一半。

④ 移动切片，找另一黑点，如此循环进行上述3个步骤，直到十字丝中心的小黑点在旋转工作台时不离开中心为止。

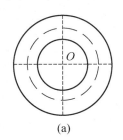　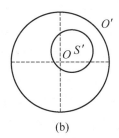

(a)　　　　　　　(b)

图 7-4　仪器中心校正

 思考题

1. 试述如何用光学显微镜判别聚合物晶体的各种形态。

2. 结合实验讨论影响球晶大小的主要因素？

3. 讨论结晶生长条件与结晶形态的关系，结晶形态与聚合物制品性质之间的关系。在实际生产中如何控制晶体的形态？

参考文献

[1]　邓云祥，等. 高分子化学、物理和应用基础. 北京：高等教育出版社，1997.

[2]　潘鉴元，等. 高分子物理. 广州：广东科技出版社，1981.

[3]　Wunder Lich B.Macromolecular physics.1973，1：1-18.

[4]　麦卡弗里 E L.高分子化学实验室制备. 蒋硕健，等译. 北京：科学出版社，1981.

[5]　冯开才，等. 高分子物理实验. 北京：化学工业出版社，2004.

实验八　扫描电子显微镜法观察聚合物材料结构

一、实验目的

了解电子显微镜的工作原理和基本操作方法。采用扫描电镜观察聚合物复合材料冲击断面的形态结构。学习 SEM 聚合物样片的制备方法。

二、基本原理

电子显微镜分为透射电子显微镜（transmission electron microscope，TEM）和扫描电子显微镜（scanning electron microscope，SEM）。透射电子显微镜与可见光显微镜相似。但是，前者是采用电子束而不是可见光束，同时，采用静电透镜或电磁透镜来代替普通的玻璃透镜。扫描电子显微镜技术是在通过电子束与试样表面作用，而在试样的微小区域形成影像。电子显微镜与光学显微镜一样，是直接观察物质微观形貌的重要手段，但它比光学显微镜有更高的放大倍数和分辨能力。目前的扫描电镜分辨率已达到 2nm。光学显微镜可以观察聚合物形态中较大的结构，如球晶、单晶、大的缺陷等。电子显微镜（以下简称为电镜）则可用于研究聚合物共聚物或共混物的两相相态结构、非晶态聚合物中的微粒结构、聚合物晶格、聚合物网络、聚合物材料的表面形貌及复合材料的界面结构等更精细的结构。

电镜的构造和成像原理与光学显微镜相似，都有激发源（电子束或光）、聚焦透镜、接物透镜、投影透镜和观察物像的荧光屏，但其依据不同。光学显微镜依据光波透过试样时，由于试样各部分厚薄疏密程度不同，对光的吸收程度有差别，因此形成了轮廓清晰的物像。电镜中物像的形成是由于高速电子与物体相互作用而发生散射，物体各部分厚薄疏密不同，对电子的散射能力不同，再通过接物透镜汇聚成物像。电镜中的激发源是由电子枪发出的电子束，聚焦透镜不是玻璃而是电子透镜，它不是实物，实质是"场"（有轴对称的静电场，称为静电透镜；轴对称的均匀磁场或非均匀磁场，称为电磁透镜）。正是由于电镜以电子束代替光，因而大大提高了分辨能力。与光学显微镜相比，SEM 的放大倍数可在几十倍至几十万倍间连续可调，即使在高放大倍数下也能得到高亮度的清晰图像；SEM 景深更大，在放大 100 倍时，光学显微镜的景深仅为 1μm，而扫描电镜的景深可达 1mm，即使在放大 1 万倍时，其景深也可达 1μm，因此 SEM 成像的立体感强，可以清晰地观察到粗糙表面凹凸不平的微细结构；SEM 的分辨率更高，光学显微镜分辨本领的极限值仅为 200nm，而 SEM

的分辨率可小于 10nm。

图 8-1 为 SEM 仪的工作原理图。扫描电镜的工作原理如下:电子枪在高电压(0.5~30kV)的驱动下发射高能电子束,经过电磁透镜会聚,再经物镜聚焦,成为一束很细的电子束(称为电子探针或一次电子,或入射电子束),射到试样上,便会引起电子与样品的相互作用,会产生出各种信导电子:①背散射电子(BE);②二次电子;③吸收电子;④特征 X 射线;⑤透射电子;⑥俄歇电子。信导电子的发射与试样表面的形貌及物理、化学性质有关,因此,配以不同检测器接收和处理这些信息,就可以获得表征试样微观形貌的扫描电子图像,或进行晶体结构、化学组成和元素分析。

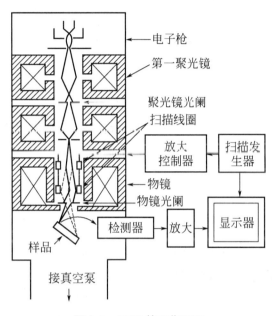

图 8-1　SEM 的工作原理

　　二次电子是扫描电镜所利用的最重要的信号。二次电子的产生,实际上是一个电离过程,入射电子在样品表层约 10nm 处,使样品原子的核外电子受激发而逸出样品表面。二次电子的能量较低,大约为 0~50eV,但二次电子的产额很高,这样可以在检测器上施加一个正电场,大部分被收集而使二次电子成像。它可以反映样品表面立体形貌。由于样品表面的高低参差,凸凹不平,电子束射到样品上,不同点的作用角度不同,被激发的二次电子数目不同,加之入射电子束方向不同,二次电子向空间散射的角度和方向也不同,这样,样品的高低、形状、位置、方向等与表面形貌密切相关的性质,就变成了不同强度的二次电子信息,将它们汇聚成像,就能反映样品的表层结构形态。图 8-2 是聚丙烯及其复合材料拉伸断面的 SEM 照片。

扫描电镜还可以利用背散射电子、特征 X 射线、俄歇电子等信息对样品微区的元素及其分布等进行定性和定量分析。

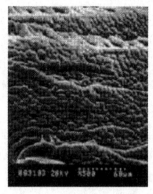

(a) PP　　　　　　　(b) PP/SiO$_2$[V_f=0.86%(体积分数)]

图 8-2　聚丙烯及其复合材料试样拉伸断面的 SEM 照片

三、实验仪器及原料

1. 仪器

S-520 扫描电镜或其他类型的扫描电镜、样品台、导电胶、喷金镀膜机。

2. 原料

PP 及其复合材料、液氮。

四、实验步骤

1. 聚合物样品的制备

取一带缺口的 PP 复合材料冲击样条，将之置于液氮中冷冻，待液氮表面不再有气泡时，将样品取出，掰断。选择合适高度的碎片，用洗耳球将其表面可能黏附的粉尘清除后，将其用导电胶粘贴在样品台上，待导电胶干燥后，放入真空镀膜机中镀上 10nm 厚金膜。喷金处理条件：10μA，100s。因为聚乙烯、聚丙烯等有机高分子是非导体，当入射电子束轰击试样时，会使表面积聚电荷。当扫描结束时，会产生无规律的放电现象，即产生"电荷效应"，影响荧屏上图像的清晰度。为了防止这种现象产生，故需在其表面镀一层金属，使之导电。同时，镀上金属膜后，二次电子发射能力增强，这就增强二次电子像的衬度，使其具有明显的立体感。用于喷镀的金属是一些重金属，如金、银、金/钯合金等。喷镀的金属膜必须是一层均匀的连续膜，因此镀膜过程必须旋转样品台使样品从各个方向都得到喷镀。对表面形貌复杂的样品，还需要多次喷镀，以期获得较好的效果。

2. SEM 观察样品断面

在教师指导下，按照 SEM 仪器手册说明开机、安装样品、设定仪器条件，调节电子束对中，在低放大模式下寻找视场，然后通过调焦、消除像散、调对比度和调亮度等操作，得到清晰图像。先用低倍数观察样品的形态全貌，然后提高放大倍数、观察样品精细结构。在不同放大倍数和不同区域各拍摄几组照片。

五、结果讨论

观察聚合物试样断面的形态结构，填充材料在 PP 中的分布状况，填充材料与 PP 基质之间的黏结状况等，并对 PP 复合材料的断裂模式进行讨论。

【附】扫描电镜样品的制备技术

由于待观察聚合物性质的不同，聚合物样品的制备有多种方法。

（1）断裂技术　SEM 通过对聚合物材料断面的观察，可以获得聚合物内部微结构的相关信息，如晶体结构、相分离等，还可确定材料的断裂模式及其发展，并与材料的力学性能测试相联系，从而建立材料的力学性能与其微结构之间的关系。

实验室获得聚合物材料断面的方法主要有：①通过力学性能测试如冲击实验等制备聚合物断面。这些方法简单且重复性好，制样时将断裂的聚合物样条靠近其断面处锯断，试样高度尽可能低，锯断后用洗耳球吹扫断面。②冷冻脆断法。此方法通常用于一些低玻璃化转变温度的柔性聚合物材料以及纤维、复合物、模塑和注塑聚合物等。简单的冷冻脆断法是将聚合物样品浸渍在液氮中一段时间，待液氮表面不再有气泡时，表明样品内外均已冷冻至液氮温度，这时将样品取出，然后用锤子将之破碎或者在冷冻后用尖锐的刀片将其折断制样。如果可行的话，最好是在液氮中把样品折断。对于具有高冲击强度的聚合物，更好的制样方法是将其缺口样条在液氮中预冷，然后再用冲击性能测试仪器将它断裂。

（2）超薄切片技术　用超薄切片机可制得厚度约 30～100nm 的薄片试样，切片时要注意保持原材料的精细结构不被破坏。将聚合物样品在液氮中冷冻后切片，或者将样品包埋在可固化的介质中（常用甲基丙烯酸酯、邻苯二甲酸二丙烯酯预聚体或环氧树脂等）再切片。这些处理方法可以尽量减少因切削而造成的聚合物微结构的变形。

（3）染色技术　染色是通过化学或物理方法将一些电子密集的重原子引入聚合物材料中，从而提高样品内部结构的反差，便于观察。四氧化锇（OsO_4）或四氧化钌（RuO_4）可与大分子链中的双键作用形成环状锇（钌）化物，致使分子链中引进重金属原子，成像时它显示为黑色，这样既固定了样品又增大了反差。此法常用于处理橡胶类样品。氯磺酸-醋酸铀染色法常用于聚烯烃，氯磺酸只与非晶区的分子链反应，而交联后易于接受醋酸铀的 UO_2 基团，致使非晶区质量密度高于晶区的质量密度而使成像衬度提高。聚合物的染色可在切片之前或之后进行，将聚合物样品切成宽约 1～3mm 的小块，然后将之浸渍在染色剂溶液中或暴露在染色剂蒸气或者在其表面滴上染色剂进行染色。

（4）蚀刻技术　蚀刻技术是选择性地将聚合物表面的某些组分除去，使样品表面的起伏程度加大，从而使聚合物表面的微结构信息进一步增强。利用蚀刻剂与样品中形态结构不同的区域（如晶区与非晶区）或不同组分（如共混高分子、填充高分子等）之间相互作用的速率或程度不同，在蚀刻过程中有选择地或优先溶解或破坏其中某一相而保留另一相，从而可以了解各相分布及相互作用状况。常用的蚀刻方法有：①溶剂蚀刻，选择对不同组分溶解能力不同的溶剂，使其中一组分被溶剂作用而另一相保留。溶剂蚀刻可能产生因溶胀或再沉淀而导致的假象。②氧化剂蚀刻，利用样品中不同组分或不同相区承受氧化降解能力的差异。如硝酸、硫酸、硫酸-铬酸混合液、重铬酸钾溶液、高锰酸钾溶液等，对聚乙烯、聚丙烯、涤纶等都是较好的氧化蚀刻剂。③等离子体蚀刻，在专用的等离子蚀刻仪中，在一定真空下在两极间加一电压使气体分子（氧、氩或空气）电离，利用由此产生的具有一定能量的离子轰击样品表面，一些结构较薄弱的区域受到的蚀刻作用较大。

（5）复型技术　复型技术是用能耐电子束并对电子束透明的材料对样品的表面进行复制，将复制品放在电镜下观察从而间接获得聚合物材料的表面形貌。对于一些厚度大而无法切片，或易受温度和真空影响的，或表面不能损伤的样品，可以采用复型法。

（6）干燥技术　含水样品干燥过程中由于水的表面张力的影响可能对样品原有的微结构造成破坏。为此一些聚合物样品如乳液、胶乳、水性涂料、湿膜等需采用特殊的干燥技术。①用低表面张力的有机溶剂替代高表面张力的水；②冷冻干燥；③临界点干燥。其中用有机溶剂（如乙醇等）替代水是最简单的，但是为了确保有机溶剂对聚合物没有负面影响必须作对比实验。冷冻干燥法是将水快速冷冻凝结成固态冰，然后升华为气态水，因而可以避免干燥过程的表面张力效应。临界点干燥法是将样品在水的临界温度以上进行加热到临界压力以上，使样品在干燥过程中经历水的临界点（液相和气相的密度相同时的温度和压力），在此条件下，液相和气相共存，因而没有表面张力。

思考题

1. 如何才能获得高质量的SEM图像？
2. 采用SEM观察PP的结晶图像，如何处理样品才能获得晶区清晰的结构形貌？

参考文献

[1] 吴人洁. 现代分析技术在高聚物中的应用. 上海：上海科学技术出版社，1987.
[2] 汪昆华，罗传秋，周啸. 聚合物近代仪器分析. 北京：清华大学出版社，2000.
[3] 冯开才，李谷，符若文，等. 高分子物理实验. 北京：化学工业出版社，2004.
[4] Michler H G.Electron Microscopy of Polymers.Berlin，Heidelberg：Springer-Verlag，2008.
[5] Sawyer L C，Grubb D T，Meyers G F.Polymer Microscopy.Third Edition.New York：Springer，2008.
[6] 朱芳，等. 现代化学技术与实践实验篇. 北京：化学工业出版社，2011.

实验九　X射线衍射法分析聚合物晶体的结构

一、实验目的

1. 掌握X射线衍射分析的基本原理。
2. 初步掌握X射线衍射仪的操作及使用。
3. 学会对聚合物晶体进行X射线衍射的测定和数据处理与相分析。

二、基本原理

X射线法按其衍射角的大小范围分为宽角X射线衍射（WAXD）和小角X射线散射（SAXS）。依据衍射角的大小范围，习惯上把2θ从5°～180°的衍射称为宽角X射线衍射，而把2θ小于5°的散射称为小角X射线散射。宽角衍射在高分子研究中有许多重要的应用，我们可以用它来进行相分析，测定结晶度、取向度、大分子的微结构（包括晶胞参数、空间群、分子链的结构、构象、立体规整度等）以及晶粒度与晶格畸变等。本实验用宽角X射线衍射来测定聚合物结晶的晶型，分析结晶聚合物的相态结构。

当一束单色 X 射线入射到晶体时，由于晶体是由原子有规则排列成的晶胞所组成，而这些有规则排列的原子间距离与入射 X 射线波长具有相同数量级，所以由不同原子散射的 X 射线相互干涉叠加，可在某些特殊方向上产生强的 X 射线衍射。衍射方向与晶胞的形状及大小有关，衍射强度则与原子在晶胞中的排列方式有关。

每一种晶体都有自己特有的化学组成和周期性晶体结构。设有等同周期为 d 的原子面，入射线与原子面的交角为 θ，如图 9-1 所示，从原子面散射出来的 X 射线产生加强衍射线的条件是相邻的衍射 X 射线间的光程差等于波长的整数倍，即布拉格公式

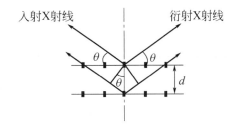

图 9-1　X 射线在晶体原子面上的衍射

$$2d\sin\theta = n\lambda \qquad (9\text{-}1)$$

式中，n 是整数。

知道 X 射线的波长和实验测得交角 θ，就可以算出等同周期 d。对大多数无机和有机晶体来说，其晶面间距 $d<15\times10^{-12}$m，因此当用 CuKa 作为 X 射线源时，$\lambda_{\text{CuKa}}=1.5418\times10^{-12}$m，按布拉格公式 $2d\sin\theta = n\lambda$ 可算得相应的衍射角 2θ 为 5°53′。

图 9-2 是某一晶面以夹角绕入射线旋转一周，其衍射线形成的连续的圆锥体，其顶角为 4θ。由于不同方向上的晶面具有不同的 d 值，只要其夹角能符合式（9-1）的条件，都能产生圆锥形的衍射线组。实验中不是将具有各种 d 值的被测面以 θ 夹角绕入射线旋转，而是将被测样品磨成粉末，制成粉末样品，则粉末中包含无数任意取向的晶面。由粉末衍射法能得到一系列的衍射数据，可以用 Derby 照相法或衍射仪法记录下来。满足布拉格公式的晶面可以有很多组，它们或是相应于不同的 n 值（如 $n=1$，2，3，…），或是相应于不同的晶面间距 d，这样就得到了很多顶角不

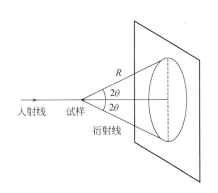

图 9-2　粉末法的 X 射线衍射

等的锥形光束。如果将这些锥形光束摄制下来，就得到一系列的同心圆或圆弧。若采用 X 射线衍射仪，则直接测定和记录晶体所产生的衍射线的方向（θ）和强度（I），当衍射仪的辐射探测器计数管绕样品扫描一周时，就可以依次将各个衍射峰记录下来。

高分子晶胞的对称性不高，一般是三斜或单斜晶系。得到的衍射峰都有比较大的宽度，而且又与非晶态的弥散图混在一起，因此晶胞参数不是很容易求得的，可以根据已知的键长、键角间的关系作出模型，然后按设想的分子模型计算各衍射点的强度，检查是不是与实验符合，从而确定晶体中高分子链上的各个原子的相对排列方式（晶体结构）。

　　X 射线衍射法除了测定晶体结构的晶胞参数外，还可以测定取向度和结晶性高分子的结晶度。结晶高分子是一种多晶体，对晶粒无规取向的高分子，晶粒平面在各个方向都有，因此它的 X 射线衍射图是许多封闭的同心圆，像粉末多晶的衍射图那样。对于经过拉伸而取向的结晶高分子，衍射图上的同心圆退化成为圆弧。取向度愈高，圆弧愈短。在高度取向的高分子中，圆弧已缩小成为衍射点。圆弧的强度 $I(\theta)$ 与取向角为 θ 的晶粒数成正比。所以实验测定圆弧强度 $I(\theta)$ 对取向角 θ 的分布就可以得到晶粒取向的分布。

　　测定结晶度的原理是利用结晶的和非晶的两种结构对 X 射线衍射的贡献不同，把衍射照片上测得的衍射峰分解为结晶和非晶两部分，如图 9-3 所示，结晶峰面积和总面积之比就是结晶度，如果分解过程是正确的，加上适当的校正可得到正确的结果。

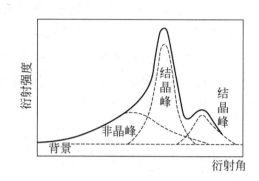

图 9-3　聚乙烯的 X 射线衍射曲线

　　高分子结晶的晶粒较小，当晶粒小于 10nm 时，晶体的 X 射线衍射峰就开始弥散变宽，随着晶粒变小，衍射线愈来愈宽，晶粒大小和衍射线宽度间的关系可由 Scherrer 方程计算

$$L_{hkl} = \frac{K\lambda}{\beta_{hkl}\cos\theta_{hkl}} \tag{9-2}$$

　　式中，L_{hkl} 为晶粒垂直于晶面 hkl 方向的平均尺寸即晶粒度，nm；β_{hkl} 为该晶面衍射峰的半峰高的宽度，rad；K 为 Scherrer 常数，通常为 0.89；λ 为入射 X 射线波长；θ 为衍射角，(°)。

　　不同的退火条件及结晶条件对晶粒尺寸有影响。

三、实验仪器及原料

　　岛津 XD-3 AX 射线衍射仪（Cu 靶）：主要包括高稳定度 X 射线发生器、精密测角台、X 射线强度测量系统、安装有专用软件的计算机系统等 4 大部分。

　　原料：含 α 晶和 β 晶的等规聚丙烯。

四、实验步骤

　　1. 样品制备：将等规聚丙烯在 230℃ 热台上充分熔融后，压制成若干 1～2mm 厚的样片。然后将样片分别进行不同的热处理。a. 冰水中急冷；b. 160℃ 等温结晶 30min；c. 105℃ 等温结晶 30min；d. 以每小时 10℃ 的冷却速率进行非等温结晶。

　　2. 按照 X 射线衍射仪的说明书，在教师指导下开机。

　　3. 选定衍射初始角与终止角，PP 一般可选 5°～35°，使用连续扫描，扫描速度通常为 4°～8°/min，步幅一般为 0.02，选定合适的狭缝值。

　　4. 装好样片，插入 X 射线衍射仪的样品架插座里，进行衍射测定。

　　5. 测定完毕取下样片，擦净样品架，放回插座，关闭 X 射线衍射仪，最后卸下高压，关水关电。

五、数据处理

1. 在衍射图谱上读出衍射峰的衍射角 2θ 和强度 I（峰高）。

2. 按布拉格公式计算出各衍射峰的 d/n 值。

3. 根据已知 α 晶、β 晶、γ 晶，近晶及非晶的衍射图判定等规 PP 试样的晶型。并对图谱峰形的变化与成晶的条件进行讨论。

4. 计算结晶度。

对于 α 晶型的等规聚丙烯，实验曲线下的总面积就相当于总的衍射强度 I_0。总面积减去非晶散射下面的面积（I_a）就相当于结晶衍射的强度（I_c），即可求得结晶度 X_c。

$$X_c = \frac{\sum A_c}{\sum A_c + \sum A_a} = \frac{I_c}{I_c + I_a} = \frac{I_c}{I_0}$$

5. 计算等规 PP 中 β 晶的相对含量。

$$K_\beta = \frac{I_{300}}{I_{110} + I_{040} + I_{130} + I_{300}}$$

其中 I_{300} 为 β-PP 衍射峰强（$2\theta = 16.1°$），I_{110}、I_{040}、I_{130} 分别为 α-PP 的 3 个最强衍射峰强（$2\theta = 14.1°$、$16.9°$、$18.6°$）。不含 β 晶的等规 PP，$K_\beta = 0$；完全形成 β 晶的等规 PP，$K_\beta = 1$。

思考题

1. 通过实验结果，分析影响 PP 结晶度的主要因素有哪些？

2. X 射线在晶体上产生衍射的条件是什么？

3. 除了 X 射线衍射法外，还可以使用哪些手段来测定高分子的结晶度？

参考文献

[1] 周公度. 晶体结构测定. 北京：科学出版社，1981.

[2] 莫志深，张宏放，张吉东. 晶态聚合物结构和 X 射线衍射. 二版. 北京：科学出版社，2010.

[3] 冯开才，李谷，符若文，等. 高分子物理实验. 北京：化学工业出版社，2004.

[4] Luo F，Wang J W，Bai H W，et al. Synergistic toughening of polypropylene random copolymer at low temperature：β-Modication and annealing.Materials Science and Engineering，2011，A 528：7052-7059.

实验十　红外光谱法分析聚合物的结构

一、实验目的

1. 了解红外光谱分析法的基本原理。

2. 初步掌握红外光谱试样的制备和简易红外光谱仪的使用。

3. 初步学会查阅红外光谱图、剖析和定性分析聚合物。

二、基本原理

红外光谱是研究聚合物结构与性能关系的基本手段之一。广泛用于高分子材料的定性及定量分析，如分析聚合物的主链结构、取代基位置、双键位置以及顺反异构，测定聚合物的结晶度、极化度、取向度，研究聚合物的相转变，分析共聚物的组成和序列分布等。红外光谱分析具有速度快、试样用量少并能分析各种状态的试样等特点。

按照量子学说，当分子从一个量子态跃迁到另一个量子态时，就要发射或吸收电磁波，两个量子状态间的能量差 ΔE 与发射或吸收光的频率 ν 之间存在如下关系。

$$\Delta E = h\nu$$

式中，h 为普朗克（Planck）常数，$h = 6.626 \times 10^{-34} J \cdot s$。

红外光谱的波长在 $2 \sim 50 \mu m$。因为红外光量子的能量较小，当物质吸收红外区的光量子后，只能引起原子的振动和分子的转动，不会引起电子的跳跃，因此不会破坏化学键，而只能引起键的振动，所以红外光谱又称振动转动光谱。红外发射光谱很弱，通常测量的是红外吸收光谱。

分子中原子的振动是这样进行的：当原子的相互位置处在相互作用平衡态时，位能最低，当位置略微改变时，就有一个回复力使原子回到原来的平衡位置，结果像摆一样作周期性的运动，即产生振动。原子的振动相当于键合原子的键长与键角的周期性改变。共价键有方向性，因此键角改变也有回复力。

按照振动时发生键长和键角的改变，相应的振动形式有伸缩振动和弯曲振动，对于具体的基团与分子振动，其形式、名称则多种多样。对应于每种振动方式有一种振动频率，振动频率的大小一般用"波数"来表示，单位是 cm^{-1}（波数不等于频率。波数 $\bar{\nu} = 1/\lambda$；频率 $\nu = c/\lambda$；c 是光速，$c = 2.9979 \times 10^{8} m/s$）。

当多原子分子获得足够的激发能量时，分子运动的情况非常复杂。所有原子核彼此作相对振动，也能与整个分子作相对振动，因此振动频率组很多。某些振动频率与分子中存在一定的基团有关，键能不同，吸收振动能也不同。因此，每种基团或化学键都有特殊的吸收频率组，犹如人的指纹一样。所以可以利用红外光谱，鉴别出分子中存在的基团、结构的形状、双键的位置、是否结晶以及顺反异构等结构特征。

早期的红外光谱仪的结构基本上由光源、单色器、检测器、放大器和记录系统组成。扫描速度慢，灵敏度低，得到的是光强随辐射频率变化的谱图，称频域图。20 世纪 60 年代末开始发展了傅里叶变换红外光谱仪，傅里叶变换红外光谱仪主要由迈克尔逊干涉仪、检测器和计算机组成。如图 10-1 所示，干涉仪主要由光源、动镜（M_1）、定镜（M_2）、分束器和检测器等几个主要部分组成。干涉仪将光源传输来的信号调制成干涉图，由于干涉图的数学

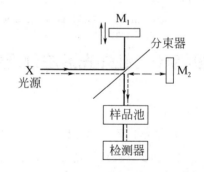

图 10-1　傅里叶变换红外光谱仪原理图

表示和光谱图的数学表示在数学上互为傅里叶变换关系对，故由计算机采集在某一瞬间得到的干涉图上一定间隔点的强度进行傅里叶变换而获得红外光谱图。其特点是同时测定所有频率的信息，得到光强随时间变化的谱图，为时域图。扫描时间缩短，由于不采用传统的色散元件，提高了测量灵敏度和测定的频率范围。

三、实验仪器及原料

仪器：美国 Nicolet-205 红外光谱仪。

原料：PP、PE、PS 等塑料粒子。

四、实验步骤

1. 试样制备

（1）成品薄膜　有些透明的薄膜成品，厚度在 $10\sim30\mu m$ 便可直接剪一小块测绘红外光谱图。检测仪器性能时使用的聚苯乙烯薄膜就是此类。各种塑料包装袋亦属此类，有些透明薄膜稍厚，具有可塑性，可轻轻拉伸变薄后，再测绘它的红外光谱。

（2）溶液铸膜　含有填料的可溶聚合物，可用溶剂将其溶解、静置，将上层清液倾出，在通风橱中挥发浓缩，浓缩液倒在干净的玻璃板上，干燥后揭下薄膜，直接做红外光谱。也可在水银表面倾倒试样浓缩液，溶剂挥发干后即得试样薄膜。还可用聚四氟乙烯棒切削成具有平滑内底面的圆盘状模具，制膜时把试样溶液倒入模具，用试样溶液的浓度和溶液的量来控制薄膜的厚度。待溶剂挥发干后，由于聚四氟乙烯光滑容易脱模，可以很方便地取下薄膜，而且聚四氟乙烯耐腐蚀性极强，各种溶剂配制的溶液均可使用聚四氟乙烯模具。

（3）热压成膜　熔融热压成膜时，使用两块具有平滑表面的不锈钢模具，用云母片或铝箔片作为控制薄膜厚度的支撑物，先把具有要求厚度的云母片或铝箔片放在模具压模面四周，中间放试样，把它们一起放在电炉上加热至软化熔融，再把模具的另一半压在试样上，用坩埚钳小心地把它们一起放在油压机上加压，冷却后取下薄膜，直接用于测定红外光谱。

（4）涂卤化物晶片法　涂卤化物晶片法简称涂膜法。把黏稠的树脂或具有一定黏度的液体，用不锈钢刮刀直接涂在卤化物晶片上。涂很薄的一层试样就可直接在红外光谱仪上测绘谱图。试样厚度不合适时，用不锈钢刮刀涂抹调节试样厚度。例如未固化的黏稠树脂及油墨，从塑料或橡胶中萃取得到的增塑剂、热固性树脂的裂解液等都适用于涂膜法。

2. 红外光谱图的测定

先接通稳压电源，待电压稳定在 220V，按动主机电源开关。按仪器操作步骤，首先采集背景（无样品时）的干涉图，然后，将试样固定在样品架上进行扫描测定，扣除背景信息通过变换即可得到样品的透射光谱或吸收光谱。实验结束后取出样品，切断主机电源，再关稳压器。

五、结果处理

从测绘得的红外光谱图上找出主要基团的特征吸收，并标出峰值。与标准光谱图对照，分析鉴定试样属何种聚合物。

思考题

1. 结晶聚合物的红外光谱，能有其无定形态的红外谱图中所没有的谱带吗？
2. 用红外光谱可以检测聚合物中分子链的不同构象吗？

参考文献

[1] 沈德言. 红外光谱法在高分子研究中的应用. 北京：科学出版社，1982.
[2] 薛奇. 高分子结构研究中的光谱方法. 北京：高等教育出版社，1995.
[3] 朱善农. 高分子材料的剖析. 北京：科学出版社，1988.
[4] 汪昆华，罗传秋，周啸. 聚合物近代仪器分析. 北京：清华大学出版社，2000.
[5] 冯开才，等. 高分子物理实验. 北京：化学工业出版社，2004.

实验十一　溶胀压缩法测定聚合物的交联度

一、实验目的

1. 了解聚合物交联度的意义和表示方法。
2. 了解溶胀法测定聚合物交联度的基本原理。
3. 掌握用溶胀压缩法测定交联度的实验技能。

二、基本原理

最广泛应用于测定聚合物交联度的方法是溶胀法。它又可分为溶胀体积法和溶胀平衡模数法。前者是测定溶胀平衡时的体积，可用称重方法根据试样所吸收的溶剂的质量计算体积，或直接用读数显微镜或溶胀计测定溶胀后的体积。溶胀平衡模数法则是测定样品溶胀后，受扩张或压缩时的模数，分为溶胀拉伸法和溶胀压缩法。本实验主要学习溶胀压缩法。

聚合物大分子链间借各种链联结起来的作用称为交联，包括化学交联和物理交联，如结晶或分子链的缠结等。交联度的测定只是对化学交联而言。

高分子链被拉伸后，有恢复卷曲状使熵值增大的趋势，因而当外力除去后，会自动回复原状而具有高弹性。在交联后，分子链间以化学键联结，形成三维网状结构。当交联点不太多时，交联点之间的链段很长且很柔顺，链段的末端距仍然服从高斯分布，并且在形变发生时也呈现高弹性能，这是交联度测定的统计处理的理论模型。由于有分子网络的非理想性（如分子链间缠结，分子链内对弹性无贡献的封闭圈等），以及材料中存在的各种缺陷，导致测定结果不够准确。

当把交联聚合物浸泡于溶剂中时，溶剂分子不断扩散和渗透进入聚合物中。由于交联结构，聚合物不能被溶剂所分散，而只是吸收一定量的溶剂发生有限的溶胀，形成溶胀的条件，与线型分子形成溶液的条件相同。由于溶胀引起聚合物的体积增大，因而使三向网状结构的分子伸张，降低了交联点之间链段的构象熵值，使分子网受到应变而产生弹性收缩力，力图使体积回缩，而阻止溶剂进入，当溶胀与收缩的倾向互相平衡时，达到溶胀平衡。所以，三向网状结构的弹性收缩力，可以看作是一种作用于溶胀聚合物的力，它使聚合物溶胀体内的溶剂的化学位升高，达到与纯溶剂的化学位相同为止。因此，溶胀的程度与交联度有关。

　　溶胀模数法所测量的物理量是形变值。此时反抗形变的力，除分子链本身的弹力外，还有溶剂分子对分子网的溶胀渗透压力，这两种力均与交联度有关。与溶胀体积法相比，溶胀平衡模数法的测定较为复杂，需要较精确的仪器设备。其中，溶胀压缩法比起拉伸法形变小得多，仪器也较简单、价廉。但对交联度较低的试样，由于仪器本身的摩擦力已达到样品恢复力的数量级，使测定难以进行。

　　假定聚合物在形变时体积不变。形变前后，网链形态服从高斯分布，各向同性，交联点发生仿射形变。按照统计处理，可推导出未溶胀样品中，以物质的量表示的单位体积内有效网链数 N 与拉力和形变的关系为

$$f = NRT\left(\lambda - 1/\lambda^2\right)$$

　　式中，f 为橡皮的弹性回复力，与所施的应力相等；λ 为拉伸比；R 是摩尔气体常数；T 为热力学温度（常温）。

　　若以 ϕ_r 表示在溶胀样品中弹性体的体积分数，则溶胀后上述关系为

$$f = NRT\left(\lambda - 1/\lambda^2\right)/\phi_r^{1/3}$$

　　对于微小形变，可认为

$$(\lambda - 1/\lambda) = 3\Delta h h_S$$

　　式中，Δh 为已溶胀试样压缩时的高度变量；h_S 为无压缩时的高度；h_S 与溶胀前的高 h_0 的关系为 $h_S = h_0/\phi_r^{1/3}$。

　　若溶胀前试样的横截面积为 A_0，所加负荷为 F，则

$$f = F/A_0 = NRT \times 3\Delta h/h_S\phi_r^{1/3}$$
$$= 3NRT\Delta h/h_0$$

于是　　$F = 3NRTA_0\Delta h/h_0$。

以 F-Δh 作图，得一直线，其斜率 s 为

$$s = 3NRTA_0/h_0$$

故　　$N = sh_0/3RTA_0$。

有效网络链数 N 的单位为 mol/cm^3，只包括那些两端均为交联点的链段。因为只有这些链段形变前后的熵变，才对弹力有贡献。

交联点间的链段分子量 M_c 也可表征聚合物的交联度。由于交联点之间的链段长短不一，

所以 M_c 具有统计平均的意义，在此处是数均分子量。M_c 与 N 的关系为

$$N = \rho / M_c$$

式中，ρ 为密度。

测试时，由于仪器平行板与试样表面的接触不理想，因而实验数据所得的直线外推至 $F=0$ 时，不经过原点。当试样与平行板完全接触后，应力与形变的关系才是直线关系，如图 11-1 所示，应以直线部分计算斜率。

当橡胶中含有惰性添加物时，由于它们对弹性无贡献，在精确测定时要校正。但往往所得结果只相差百分之几，因而在一般的测定中可以忽略不计。

由于随温度升高，链段运动加剧，分子链卷曲的趋势增加，弹力增大，因而实验时的温度对斜率有影响。

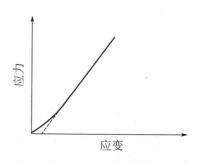

图 11-1　交联度实验曲线

三、实验仪器及原料

本实验所用的仪器如图 11-2 所示。B 为百分表，其两端（测定杆）连有平板 A、C。A 为砝码盘，用以加负荷；C 为底板，通过它压缩样品；D 为已溶胀样品，放于盛有溶剂（对橡胶来说，一般用甲苯）的溶剂池 E 内。A、C 和 E 之底以及整个仪器之底台 F 均需平行。百分表借活动夹固定在仪器的支柱上，其高度可以调节，使底板 C 能与不同高度的样品接触。溶剂池的作用，是为保证测定过程中，试样维持溶胀平衡。测定时，百分表应放在稳固不易振动的台面上。

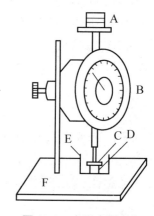

图 11-2　交联度测定仪

A—砝码盘；B—百分表；

C—底板；D—已溶胀样品；

E—溶剂池；F—底台

四、实验步骤

1. 样品的制备

用直径大小适合的打孔器，切取橡胶试样，高约 1cm，直径约 1cm。余下部分切取两小块，作密度测定用。用细砂纸把样品仔细磨成规整的圆柱形。上下表面要平滑、平行，以免负载不均匀。用读数显微镜或千分尺准确测量高 h_0、直径 D_0 在等分的部位测三个数值，取其平均值（若三值相差较大时，应再磨）。测准后，把样品放入甲苯中溶胀至平衡，时间约需 4d。

2. 测定

将已达溶胀平衡的样品放入溶剂池，倒入甲苯至浸过样品上表面，移置于百分表连接的 C 板下，降下百分表，待底板 C 与样品刚好接触后，固定活动夹。甲苯液面需与底板 C 的上表面相平，不足需再添加，但不必过量。用手轻压 A 两下，使 C 与 D 很好接触后，调节百分表刻度盘，使指针对 0 点。手之压力，应尽可能保持一致，并与后面加负荷时，各次所用的力相同，以尽可能减少误差。

在 A 上放置逐次增量的砝码，每次增量为 50g 或 100g。砝码应垂直放于砝码盘的中部。

加砝码后，用手轻压两下，读出每个质量下的形变值，然后把负荷迅速移去，让试样恢复原来高度。此时，可用手提起顶板至指针指 0 点，以助克服仪器内部摩擦力。5min 后用手轻压，观察是否回复原高度，此时容许形变偏差为：形变较小时，不得超过 0.005mm；形变较大时，不得超过 0.01mm。否则应延长回复时间。重复上述操作，测定 10 个数据点。最大负荷由 Δh 而定，一般最大 Δh 不应大于 $5\times10^{-2}h_0$。

用密度梯度管测出实验温度下样品的密度。

五、数据处理

将测定数据填入下表格。

样品名称_____；直径 $D_0=$_____cm；高 $h_0=$_____cm；
密度 $\rho=$_____g/m³；实验温度 $T=$_____℃。

负荷/g			
作用力 F/N			
百分表读数 Δh/cm			
回复高度 h/cm			

以 F-Δh 作图，求出斜率 s，按下列公式计算出有效网络链数 N 和交联点间的链段分子量 M_c。

$$A_0=\frac{1}{4}\pi D_0^2$$

$$N=h_0 s/3A_0RT$$

$$M_c=\rho/N$$

式中，R 为 8.314J/(mol·K)。

思考题

1. 解释交联度的含义。除溶胀法外，还有哪些方法可以表征聚合物的交联度？

2. 溶胀法测定聚合物的交联度有何优点和局限性？

3. 本实验用溶胀形变法测定交联度，为什么要先充分溶胀？交联点很少时，能否用此方法测定？

参考文献

[1] Cluff E F, et al. A new method for measuring the degree of crosslinking in elastomers. Polym. Sci., 1960, 45: 341-345.

[2] Hergenrother W L. Determination of the molecularweight between crosslinks of elasto meric stocks by tensile retraction measurements. I SBR vulcanizates. J. Appl. Polym. Sci., 1986, 32: 3039-3050.

[3] 潘鉴元，等. 高分子物理. 广州：广东科技出版社，1981.

[4] 冯开才，等. 高分子物理实验. 北京：化学工业出版社，2004.

第二单元
聚合物的溶液性质

实验十二　再沉淀法纯化聚合物

一、实验目的

1. 掌握聚合物溶解的规律及溶剂的选择原则。
2. 掌握聚合物纯化的基本方法和技术。

二、基本原理

聚合物纯化通常是指除去聚合物样品中的低分子物和不溶杂质。聚合物纯化的方法通常有抽提法、离子交换树脂法和再沉淀法。抽提法是用溶剂抽提聚合物中杂质的方法，因为溶剂仅对低分子进行选择性的溶解（故此法常用于分析聚合物中所含的其他成分），对聚合物是不溶的，溶剂难以渗入样品中，故纯化效率较低，需要的时间也较长。离子交换树脂法适用于带电荷的聚电解质的纯化。再沉淀法是先将聚合物溶于某种溶剂，然后向溶液里滴加沉淀剂，使聚合物再沉淀出来，而杂质则留在溶液中。沉淀物真空干燥，除去挥发性物质，便达到分离提纯的目的。该法所用仪器简单，操作容易，是最常用的聚合物纯化方法。

由普通方法聚合得到的聚合物并不纯净。例如由自由基聚合得到的样品里，往往可能含有少量的引发剂和没有转化完全的单体；采用乳液聚合则产品里会混有少量乳化剂；在嵌段共聚或接枝共聚时，共聚物中会有均聚物；在一些聚合物的制品中，含有较多的增塑剂、染色剂等添加剂。为了研究聚合物本身结构和性能，首先必须除去样品中的杂质，也就是说必须采用有效的方法使聚合物样品纯化。

纯化包含两层意思：①除去聚合物样品中的低分子物（如单体、引发剂、乳化剂等）和不溶性的机械杂质等；②由于聚合物的多分散性，纯的聚合物样品，也必然是各种分子量的聚合物的混合物。纯化可将聚合物样品分成不同分子量范围的级分，称为聚合物分级（详见实验十三）。

聚合物由于分子链长，其溶解所需的时间较长，溶解要经历溶胀的阶段。溶解前的溶胀现象在聚合物中经常遇到，因此有时被用作判断是否为聚合物的初步估测。但这仅对无定形聚合物中的线型和网型聚合物有效。一般来说聚合物分子量越大，溶解越困难。晶态聚合物通常比较难溶，但若是极性聚合物在溶剂中能产生溶剂化作用，则较容易溶解。非极性晶态聚合物通常只在其熔点略低的温度时才能溶解。

为了溶解某一聚合物，首先要找出能溶解它的溶剂，选择溶剂有 3 个原则，即极性相似原则、溶剂化原则和内聚能密度相近原则。

定义单位体积的汽化能为内聚能密度，表达为 $\Delta E/V$。实际上人们用内聚能密度的平方根作为选择溶剂的依据，并称之为溶度参数

$$\delta = (\Delta E/V)^{1/2} \tag{12-1}$$

当聚合物溶度参数 δ_p 与溶剂的溶度参数 δ_s 相近时，往往认为这两者是可以互溶的。例如聚苯乙烯（δ_p=17.3～19.0），可溶于苯（δ_s=18.7）、氯仿（δ_s=19.0）、乙酸乙酯（δ_s=18.6）等溶剂。聚氯乙烯（δ_p=19.2～22.0）可溶于二氯乙烷（δ_s=20.0）、环己酮（δ_s=20.2）等溶剂。一般来说溶解聚合物的溶剂的溶度参数 δ_s 与聚合物本身的溶度参数 δ_p 完全相等是很少的。δ_s 与 δ_p 之间允许有一个差值。通常两者溶度参数之差 $\Delta\delta = |\delta_s - \delta_p|$ 落在 1.7～2.0 之间时，两者被认为是可互溶的。实验证明，$\Delta\delta = 0$ 时两者的互溶性最好。溶度参数也可以作为选择混合溶剂的依据，对于混合溶剂，其溶度参数可由下式求出。

$$\delta_{sm} = \phi_1\delta_1 + \phi_2\delta_2 \tag{12-2}$$

式中，ϕ 为组分的体积分数。

许多聚合物常常可以溶于两种非溶剂的混合物。例如：硝化纤维既不溶于乙醇，也不溶于乙醚，却可以溶于它们的混合物中，因混合溶剂的溶度参数更接近该聚合物的溶度参数。此例为我们选择一些难溶聚合物的溶剂提供了一条线索。

配制待纯化聚合物的溶液时溶液浓度视分子量而定。若分子量较大，浓度可低些，若分子量小，浓度可高些。否则，浓度太高，溶液太黏稠，加沉淀剂时聚合物呈硬团状析出，易把杂质包在聚合物沉淀中。若浓度太低，虽加入沉淀剂，低分子量部分在混合溶剂中仍有一定的溶解度，则析不出或呈浑浊而损失。因此所配聚合物溶液以加入沉淀剂后聚合物呈絮状析出为好。

三、实验仪器及原料

三颈瓶、碘量瓶、分液漏斗、2 号砂芯漏斗、搅拌电机、电炉、烧杯各一个、试管数支、油浴等。

四、实验步骤

1. 聚合物的溶解性实验

取试管 5 支分别放入：①聚乙烯（PE）或聚丙烯（PP）；②聚氯乙烯（PVC）；③尼龙-6（NY-6）；④聚乙烯醇（PVAL）或聚丙烯酰胺（PAM）；⑤涤纶（PETP）。自己选择适当的溶剂，以 1:20 的体积比加入试管中，观察其溶解情况。必要时可在水浴或油浴中加热（必须注意溶剂的沸点）。

2. 聚合物的纯化

① 取 0.2g 有机玻璃（PMMA）板材，放入碘量瓶中，加入 40mL 丙酮，放置数天，观

察试样的溶胀、溶解现象。

② 当样品完全溶解后（摇动聚合物溶液时，可以看到真溶液与未完全溶解的溶液折射率有一定的差别）。将溶液经 2 号砂芯漏斗过滤入 250mL 三颈瓶中，三颈瓶口安上搅拌器和分液漏斗。

③ 加 160mL 蒸馏水于分液漏斗中（沉淀剂用量以溶剂用量的 4～8 倍来拟定，以使聚合物完全析出），在搅拌的情况下，把 160mL 水在 30min 内滴加到三颈瓶中。滴加过程，开始要慢些，避免聚合物呈块状析出，容易把杂质包在聚合物中，当相当部分沉淀析出后，聚合物溶液的浓度已较低，可以稍快地滴入沉淀剂。加完沉淀剂后，静止片刻，让上层澄清后再加 1～2 滴沉淀剂，如不再出现浑浊，说明沉淀已完全，否则尚需补加沉淀剂，直到沉淀完全为止。

④ 将沉淀物过滤并用水洗涤数次，收集于培养皿中，在真空烘箱中干燥。

五、实验结果

1. 溶解性实验中，记录每个试样所使用的溶剂名称、用量，溶解时的温度及现象，冷却后所发生的变化。简要说明你选择溶剂的依据。

2. 解释聚合物纯化过程中所观察到的现象。

【附】玻璃仪器的洗涤方法

高分子黏结在玻璃仪器上后，不宜采用在有机化学、无机化学及分析化学实验中常用的洗涤液洗涤的方法。要视具体情况进行处理，接触过高分子的玻璃仪器应马上洗涤，刷子可伸得进去的，用去污粉、肥皂粉立即擦洗。烧结玻璃漏斗、黏度计等用能溶解所接触高分子的溶剂洗涤。接触时间较长的，用溶剂回流或浸泡数小时乃至数天，若高分子还不能洗去时，则采用能溶于水的溶剂（如丙酮、乙醇等）浸泡，再用亚硝酸钠的浓硫酸溶液浸泡，亦可用硝酸或王水浸泡，不宜用一般的洗液。

思考题

1. 聚合物的溶解有什么特点？试说明实验中的几种聚合物的溶剂是怎样选择的？
2. 若将聚合物溶液加到沉淀剂中，请推想结果会怎样？
3. 当聚合物用沉淀法从溶液中分离时，它的分子量分布是否可能改变？

参考文献

[1] 潘鉴元，等. 高分子物理. 广州：广东科技出版社，1981.

[2] 蒋硕健，等. 高分子化学实验室制备. 北京：科学出版社，1981.

[3] [德]Braun D，等. 聚合物合成和表征技术. 黄葆同，等译. 北京：科学出版社，1981.

[4] 冯开才，等. 高分子物理实验. 北京：化学工业出版社，2004.

实验十三 聚合物的沉淀分级

一、实验目的

1. 了解聚合物的溶解和沉淀过程及其现象，掌握加入沉淀剂进行的沉淀分级方法和实验技术。

2. 与黏度法测定分子量的实验结果结合起来，绘出聚合物分级曲线及分子量分布曲线。

二、基本原理

研究聚合物的力学性能、聚合历程和聚合最佳条件以及研究聚合物溶液性质时，往往需要知道其分子量及分子量分布。为此，首先要把聚合物样品分成许多分子量分布较窄的级分，然后再对各级分进行分子量测定。前一过程就称为聚合物的分级。

分级方法大致分为制备方法和分析方法两大类。前者得到个别分离的级分，后者只得到分子量分布曲线。所有各种方法中，温度梯度与溶剂梯度相结合的梯度淋洗色谱法是制备方法中分级效率最高的，而体积排除色谱法（SEC）则是分析方法中既简便、重复性又较好较为准确的方法。

沉淀分级的方法是利用聚合物的分子量与其溶解度之间的依赖关系，将不同平均分子量的大分子级分分开，从而得到聚合物的分子量分布情况。采用沉淀分级方法进行分级，仪器设备简单，技术较易掌握，能适应各种情况（如高温等）的特殊要求，能一次制备较大量的分级样品。在一般的粗分级或只要求纯化聚合物的情况下，并不要求很高的分级效率时，该方法显得更为优越。

无定形聚合物溶解过程相似于部分互溶的两种液体相混合。图 13-1 是低分子部分互溶双液体系相图。T_c 为临界共溶温度，在 T_c 以下溶液分层，两层中均含有 A、B 两种成分，两液相的相对量可用杠杆原理测出，对不同体系比较时，互溶性越好，其 T_c 越低。由于分子之间内聚力的大小和分子运动的速率均依赖于分子量，所以聚合物-溶剂体系的临界共溶温度随分子量的增加而升高，也就是说，要在较高的热运动时才能克服内聚力而

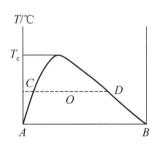

图 13-1 双液体系相图

使较大的分子均匀地分散在溶剂中。在恒温下向聚合物溶液中加入沉淀剂（可溶于该溶剂的非溶剂）时，由于溶剂化作用下降，混合溶剂与聚合物的相互作用参数 χ_1 不断增大，相对地增加了大分子链之间的内聚力，便产生相分离。用这种方法进行分级称为沉淀分级。刚刚产生相分离时，沉淀剂在溶剂-沉淀剂体系中所占的体积分数或质量分数称为沉淀点。在指定温度时，沉淀点和聚合物质量浓度及聚合物的分子量有关，分子量越大，沉淀点越小。换言之，分子量大的部分将先沉淀出来。

由于大分子与溶剂分子体积大小相差悬殊，两相分离时是聚合物的凝液相与稀溶液相

之间的平衡。大分子在这两相中分配的分子量的依赖性，造成分子量大的部分在稀相中的含量很少，而分子量小的部分在稀相中却很多。此外，由于分子量小的部分是分子量大的部分的良溶剂，因局部沉淀或吸附等原因，大分子析出时亦会带走部分分子量较低（未达沉淀点的）的分子，因此，各种分子量的分子在两相中皆存在，只是浓度不同。所以只通过一次沉淀分级不可能得到分子量均一的级分，而且第一、第二级分常常具有较宽的分子量分布。要提高分级效率，增加一次分级中的级分数作用不大，必须进行再分级。经验认为，一次分级中，级分数为六七个已足够。

产生相分离时，析出的沉淀可能是粉末状、棉絮状、凝液状或部分结晶的微粒，视聚合物溶剂和沉淀剂的性质与分级条件而异。如何选择合适的溶剂体系，至今尚缺乏理论指导，多半凭经验。一般来说，合适的溶剂-沉淀剂体系，应使析出的是凝液相，因为只有是凝液相时，分子链才容易扩散，才能使相分离达到热力学的平衡。此外尚要求溶剂、沉淀剂的沸点不太高，以免级分干燥困难，但也要避免分级过程溶剂的挥发，沉淀点对分子量的依赖性越敏感越好。对结晶聚合物的分级，应在其熔点以上进行。

分级溶液的起始浓度对分级效率也有影响，分级效率取决于凝液相与稀液相的体积比，体积比越小，分级效率越高，但浓度太稀时，溶液体积很大，对操作不利，一般采用的起始浓度为1%较为合适。

三、实验仪器及原料

恒温装置一套、可调速的电动搅拌器、三颈瓶2个、50mL酸式滴定管、锥形瓶等。本实验对聚甲基丙烯酸甲酯进行沉淀分级，以丙酮为溶剂，蒸馏水为沉淀剂。

四、实验步骤

1. 样品的纯化

把聚甲基丙烯酸甲酯的样品溶于丙酮中，经砂芯漏斗过滤后，用蒸馏水全沉淀来进行纯化，晾干后备用。

2. 分级用溶液的配制

把经纯化晾干的试样真空干燥至恒重，准确称量6g（准确至小数点后3位），放入三颈瓶中，配成含量为1%的溶液。

3. 沉淀点的预测

取25mL溶液，放入三颈瓶内，在恒温槽内用滴定管加入蒸馏水，不断搅拌，滴加速度不应太快，为避免造成局部沉淀，应等出现的沉淀全部溶解后再逐滴滴加。当开始出现浑浊，搅拌后并不消失时，记下加入水的体积（V_1），按比例估计分级所用全部溶液达沉淀点时所需的大概水量。

4. 分级

把上面测定所用去的溶液全部倒回三颈瓶中，放于（30±0.05）℃的恒温水浴内，待沉淀全部溶解后，一边搅拌溶液，一边缓慢地加入沉淀剂（蒸馏水），搅拌速度应注意适中，太慢易造成局部沉淀，太快则可能引起大分子受机械摩擦而断链。加入沉淀剂的速度亦应小心控制，以免控制不好引起沉淀析出过多，或局部沉淀难以重溶。一般在初期滴加可较快，至达预计沉淀点前 30mL 时，减慢滴加速度，接近沉淀点时，沉淀剂可改用丙酮-水（体积比为 1∶1）的混合液，小心观察，当溶液略呈浑浊为止，将三颈瓶从恒温槽中取出，放于温度较高的水浴中（约 50℃），摇动至沉淀全部重新溶解（溶液澄清），然后塞住瓶口，缓冷至略高于恒温槽的温度约 5℃，静置回恒温槽中，隔 24h 后，随时观察瓶中沉淀的沉降情况。当沉淀已成较坚实的胶状凝液相时，小心并迅速地将上层的清液倒入另一预先干燥的三颈瓶中。倾倒时应尽可能迅速，尤其在室温较低时，以免在操作过程中由于温度下降或溶剂挥发而影响分级，同理，清液层应尽可能倾倒出来，以免留下较小的分子。凝液相即为第一级分。溶液在恒温后，继续加入沉淀剂，按上述步骤进行以后级分的分级。轮用的三颈瓶，注意不要弄脏。最后级分把溶液全部倒入水中取得。

析出的凝液中的水分一般难以除去，也不适宜用于测定分子量，故必须将其重新溶解于较少量的丙酮中，配成约为 2% 的溶液。如果溶液中含有不溶解的杂质，可用 2 号砂芯漏斗过滤，但必须注意聚合物全溶后才进行，漏斗中残余的聚合物也要用少量丙酮冲洗到溶液中。在不断搅拌下逐步加入适量的蒸馏水，其量为不再有沉淀析出为止。

把滤纸与培养皿一起先准确称量，然后用布氏漏斗过滤所得棉花状的沉淀物。滤液先倒出保留，供下个级分析出沉淀使用，然后再用蒸馏水洗涤 3 次，把沉淀连同滤纸放在培养皿中，在 80℃ 的烘箱中干燥，再在 60℃ 的真空烘箱中，除去余下的水分至恒重，称出该级分的质量。

各级分标好记号，恒重后用黏度法测定样品的分子量。

五、数据处理

1. 预测后估计沉淀点所需水量

$$\frac{V_i}{25} \times 600 = 24V_i$$

2. 计算各级分的质量分数和分级损失

以各级分质量之和为底，算出各级分的质量分数。以各级分质量之和与原试样质量（6g）比较，算出分级损失。

$$分级损失 = \frac{原试样质量 - 各级分质量和}{原试样质量}$$

3. 画出分级曲线

用习惯法作积分分子量分布曲线和微分分布曲线。从分级所得数据，假定分级损失平均分配于每一级分，算出各级分的质量分数

$$m_i = \frac{m_i}{\sum m_i}$$

从分子量小的级分开始，以黏度法测得分子量值为横坐标，以质量分数逐级叠加所得的

值为纵坐标作垂直线，连接各垂直线得到阶梯形分级曲线，见图 13-2 中曲线 3，它是实验结果的真实反映。阶梯曲线应从 0 到 $\sum m_i = 1$。

习惯法积分分子量分布曲线的做法为：假定在各级分中，有一半的分子，其分子量大于或等于该级分的平均分子量，而另一半则小于或等于该级分的平均分子量，因而把阶梯形分级曲线各垂直线中点连接起来，得到一平滑曲线，如图 13-2 中曲线 1，即为积分分布曲线。线上各点表示整个试样中 $m \leqslant m_i$ 的分子的质量分数。

$$I(M_i) = \frac{m_i}{2} + \sum_{j=1}^{j=i-1} m_j$$

式中，i 表示第 i 个级分；j 表示总级分数。画积分分布曲线时应顺势平滑，当此要求难以达到时，曲线不一定经过全部垂直线的中点，但应使被画在积分曲线上方的阶梯形曲线下的面积与画在积分曲线下方的非阶梯形曲线下的面积（即画出与画入的阶梯形曲线下的面积）在左右邻近处基本相等。积分曲线也应从 0 到 $W_x = 1$。

取积分分布曲线上各点的斜率 (dI/dM) 作曲线，所得即为习惯法微分分布曲线，如图 13-2 中曲线 2。微分分布曲线应从 $W=0$ 画至再度为 0。

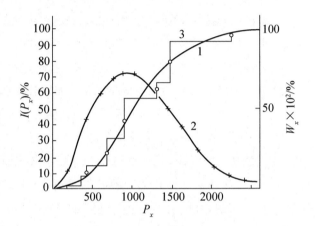

图 13-2　习惯法作分布曲线
1—积分分布曲线；2—微分分布曲线；
3—阶梯形分级曲线

思考题

1. 在沉淀分级的过程中，哪些操作可使体系尽可能达热力学平衡？
2. 分析沉淀分级的优点和缺点。

参考文献

[1] 钱人元，等. 高聚物的分子量测定. 北京：科学出版社，1965.

[2] 应琦琮，钱人元. 高聚物的分子量分布. 化学通报，1961，（12）：10-20.

[3] 高玉书. 高分子分离科学. 成都：四川教育出版社，1987.

[4] Tung L H.合成聚合物的分级原理和应用. 南京大学高分子教研室译. 上海：上海科学技术出版社，1984.

[5] 冯开才，等. 高分子物理实验. 北京：化学工业出版社，2004.

实验十四　浊点滴定法测定聚合物的溶度参数

一、实验目的

1. 了解溶度参数的定义。
2. 掌握浊度滴定法测量高分子溶度参数的原理及方法。

二、实验原理

高分子的溶度参数与内聚能密度有关，常被用于判别聚合物与溶剂的互溶性，对于选择高分子的溶剂或稀释剂有着重要的参考价值。小分子化合物的溶度参数一般通过摩尔汽化热直接测得，高分子由于分子间的相互作用能很大，往往未达汽化点已先裂解。因此，聚合物的溶度参数不能直接从汽化热测得，而是用间接方法测定。常用的有稀溶液黏度法、平衡溶胀法（测定交联聚合物）和浊度法等。稀溶液黏度法是使用若干溶度参数不同的溶剂，测定聚合物在这些溶剂中的特性黏度，从特性黏度和溶剂的溶度参数关系曲线中找出特性黏度最大值所对应的溶度参数即为聚合物的溶度参数。溶胀法也是使用一系列溶度参数不同的溶剂溶胀聚合物，其最大平衡溶胀度所对应的溶度参数作为聚合物的溶度参数。浊度滴定法是本实验要学习的方法。

在二元互溶体系中，只要聚合物的溶度参数 δ_p 在两个互溶溶剂的溶度参数值的范围内，我们便可以按不同百分比混合这两个互溶溶剂，使得混合溶剂的溶度参数 δ_{sm} 值和 δ_p 很接近，该混合溶剂的溶度参数 δ_{sm} 可近似地表示为

$$\delta_{sm}=\phi_1\delta_1+\phi_2\delta_2$$

式中，ϕ_1、ϕ_2 表示溶液中组分 1、组分 2 的体积分数。

浊度滴定法是将待测聚合物溶于某一溶剂中，然后选一种 δ 值远低于该溶剂的沉淀剂（能与该溶剂混溶的非溶剂）来滴定，直至溶液开始出现浑浊为止。这样，我们便得到在浑浊点混合溶剂的溶度参数 δ_{sm} 值，这就是溶解该聚合物的混合溶剂溶度参数的下限 δ_{ml}。

聚合物溶于二元互溶溶剂的体系中时，允许溶剂体系的溶度参数有一个范围。因此，本实验选用另一种具有不同溶度参数的沉淀剂，其 δ 值远高于该聚合物的溶剂，来滴定聚合物溶液。同理，可得到溶解该聚合物混合溶剂参数的上限 δ_{mh}，然后取其平均值，即为聚合物的 δ_p 值。

$$\delta_p = \frac{1}{2}(\delta_{mh} + \delta_{ml})$$

三、实验仪器及原料

仪器：10mL 普通滴定管或自动滴定管两支、大试管（25mm×200mm）数支、5mL 和 10mL 移液管各一支、5mL 容量瓶一个、50mL 烧杯一个。

原料：粉末聚苯乙烯、氯仿、正戊烷、甲醇。

四、实验步骤

1. 溶剂和沉淀剂的选择

首先确定聚合物样品溶度参数 δ_p 的范围。取少量样品，在不同 δ 的溶剂中作溶解实验，在室温下如果不溶或溶解较慢，可以把聚合物和溶剂一起加热，并把热溶液冷却至室温，以不析出沉淀才认为是可溶的，从中挑选合适的溶剂和沉淀剂。

2. 聚合物溶液配制及滴定

称取 0.2g 左右的聚苯乙烯样品，溶于 25mL 的氯仿溶剂中。用移液管吸取 5mL 或 10mL 溶液，置于一试管中待滴定。

先用正戊烷滴定聚合物溶液，出现沉淀后，先振荡试管，使沉淀溶解。继续滴入正戊烷，沉淀逐渐难以振荡溶解。滴定至出现的沉淀刚好无法溶解为止，记下用去的正戊烷体积。再用甲醇滴定，操作同正戊烷，记下所用甲醇体积。

分别称取 0.1g、0.05g 左右的上述聚合物样品，溶于 25mL 的溶剂中，同上操作进行滴定。

五、数据处理

1. 计算混合溶剂的溶度参数 δ_{mh} 和 δ_{ml}。
2. 计算聚合物的溶度参数 δ_p。
3. 计算聚合物的内聚能密度。

思考题

1. 在浊度法测定聚合物溶度参数时，应根据什么原则考虑适当的溶剂及沉淀剂？溶剂与聚合物之间溶度参数相近是否一定能保证两者相容？为什么？
2. 在用浊度法测定聚合物的溶度参数中，聚合物溶液的浓度对结果有何影响？为什么？
3. 如何应用黏度法测定聚苯乙烯的溶度参数？

参考文献

[1] 北京大学化学系高分子教研室. 高分子物理实验. 北京：北京大学出版社，1983.
[2] 潘鉴元，等. 高分子物理. 广州：广东科技出版社，1981.

第三单元

聚合物的热性能

实验十五　聚合物热机械曲线的测定

一、实验目的

1. 了解无定形聚合物的力学三态，掌握聚合物热机械曲线的测定方法。

2. 测定线型无定形聚合物的玻璃化转变温度（T_g）和流动温度（T_f），以及结晶聚合物的熔点（T_m）。

二、基本原理

线型无定形聚合物存在力学三态，三态的形变特征如下。

（1）玻璃态　受力后发生普弹形变，这种形变与低分子固态物质的形变相似，主要由键长、键角变形所产生，其数值较小、模量大，为可逆形变。

（2）高弹态　受力后主要发生高弹形变，由链段运动产生，形变数值较大，模量比玻璃态约小 3 个数量级，具有明显的松弛时间，但仍为可逆形变。

（3）黏流态　受力后主要发生塑性形变，通过链段的协同运动，达到整个大分子的流动，故形变很大，且不可逆。

在一定的外力作用下，随着温度的升高，聚合物将从玻璃态转变为高弹态，再到黏流态，主要的运动单元越来越大。测试程序升温过程聚合物发生的相应形变对温度作图，就可以得到聚合物的热机械曲线（thermomechanic analysis，TMA），也称温度形变曲线，如图 15-1 所示。通过测定聚合物的热机械曲线，以切线法作图求得从玻璃态转向高弹态的温度，称为玻璃化转变温度 T_g，从高弹态向黏流态转变的温度，称为黏流温度 T_f。这些数据反映了材料的热机械特性，对确定使用温度范围和加工条件具有实际意义。

结晶聚合物在低温时受晶格能的限制，高分子链段和分子链都不能运动，在外力作用下形变量很小，其热机械曲线在 T_m 之前是

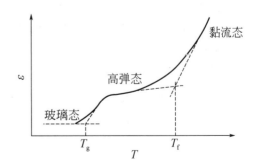

图 15-1　线型无定形聚合物热机械曲线

斜率很小的一段直线，当温度升高到结晶熔融，热运动克服了晶格能，高分子突然活动起来进入黏流态，形变量急剧增大，曲线突然转折向上弯曲，如图 15-2 所示。对于一般分子量的结晶聚合物来说，T_m 又是黏性流动温度。如果分子量很大，温度达 T_m 时，还不能使整个分子发生流动，只能使之发生链段运动而进入高弹态，直到温度升至 T_f 时才能进入黏流态，这时 $T_f > T_m$。

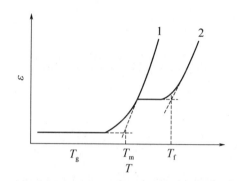

图 15-2　晶态聚合物的热机械曲线
1——一般分子量的晶态聚合物；
2——分子量很大的晶态聚合物

在测定过程中，如果试样可以发生相变或其他化学变化，则曲线的形状会发生改变，如图 15-3 所示。曲线 1 是处于无定形的结晶聚合物的热机械曲线，T_g 以后，由于链段可运动而排入晶格，发生结晶现象，形变减小。然后，热机械曲线按晶相聚合物特征发展。曲线 2 及曲线 3 为发生降解与交联的情况，曲线 2 以降解为主，曲线 3 以交联为主。若原试样已为网型体型聚合物，则热机械曲线中无黏流态。

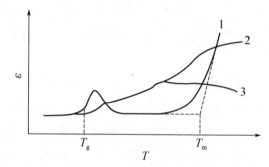

图 15-3　聚合物的热机械曲线
1——无定形的结晶聚合物；2——聚合物降解；
3——聚合物交联

热机械曲线的形状取决于聚合物的分子量、化学结构和聚态结构、所含的各种添加剂、所经受过的热史、形变史，同时还受测定时的升温速度、负荷作用的时间长短、压缩应力的大小等各种因素的影响。升温速度太快所测得的 T_g 和 T_f 会提高一些，压缩应力大，T_f 会降低，高弹态就不明显。因此测定热机械曲线时，要根据所研究的对象和要求来选择测定条件，一系列曲线作比较时一定要在相同条件下测定。若对聚合物材料的结构进行研究时，必须考虑所有的影响因素，有时需要进行纯化。

三、实验仪器及原料

1. XWR-500 热机械分析仪

由主机、机械检测单元、温度控制单元、可控硅加热单元和计算机数据处理系统 5 部分组成，其主机结构如图 15-4 所示。主机应水平放置。

热机械分析仪工作原理：当试样发生形变时，机械检测部分通过差动变压器检测位移的系统使形变转变成电压信号，经放大后，送入计算机记录其形变 ΔL 曲线。同时，可将形变 ΔL 的电压信号经微分器得到 $\mathrm{d}\Delta L/\mathrm{d}t$，送入计算机记录形变速率曲线。测试温度由控温部分控制，由数字程序信号发生器发出的毫伏电压信号与加热炉中炉温相应毫伏电势相比较，经偏差放大器、PID 调节器、可控硅控制器等控制电炉的炉丝，调整电阻炉的加热电压，使热电偶电势始终紧跟数字程序信号，消除偏差，以达到按给定的速率等速升温、降温、恒温等目的。

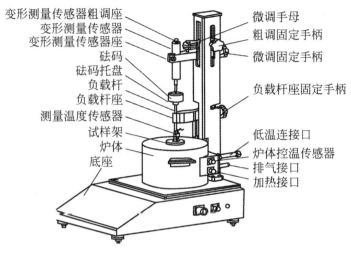

图 15-4　XWR-500 热机械分析仪主机结构

2. 原料

试样要求两面平行、表面光滑、无裂纹、无气泡，直径必须小于 7mm，高度小于 10mm。本实验选用 PP、PE、PVC、PMMA 为测试样品，厚度 0.5～1.5mm。试样可直接从制件中切取，若为粉状或粒状则需用油压机压样。

四、实验步骤

1. 打开主机电源，开启计算机，双击打开热机械分析软件。

2. 安装试样。将试样剪成圆片状平放在样品池中，上盖一层锡箔纸。从炉腔中取出样品支架，将样品池放入，使压料杆压在试样中间位置。将样品支架重新放入加热炉，然后，压上负载杆，并将实验所需负载加载在砝码托盘上。

3. 单击"新试验"，编辑"常规参数"，并确认。

4. 在操作系统主窗口的左边控制区，如图 15-5 所示。①单击"定制试样"，依次设置试样参数，选择"压缩"试验类型，填写"试样尺寸"，并确认。②单击"试验设置"，设置试验控制参数，通过"计算器"计算加载压强（压缩杆的受力面积为 12.5665mm²）。设置升温速率为"10.0℃/min"，设置最高温度和一个略小于试样厚度的形变值为停机条件，如图 15-6 所示。③单击"形变调零"，首先将主机上的形变传感器压在砝码上，使计算机显示可用测量范围正确，然后，转动微调旋钮，使黄色标线变红，可用测量范围在-4.0mm 到+4.0mm，

图 15-5　程序控制区

如图 15-7 所示，单击确认。

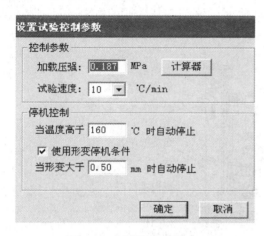

图 15-6　试验控制参数

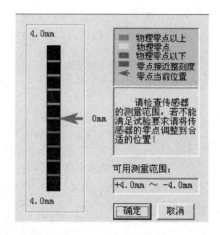

图 15-7　形变调零显示

5. 在主机面板设置"升温速率"为 10.0℃/min，按"确认"后，显示"等待升温"，主机进入准备实验状态，点击程序中"开始"即开始升温测试。

6. 测试完成后，保存采样数据。趁热及时清理样品。

7. 通过转变点自动分析法和辅助线分析法可以分析实验结果。

五、数据处理

打开保存的采样曲线，进行数据处理：

1. 将曲线颜色由白色调整为黑色。

2. 点击"T_g"分析按钮，移动鼠标分别画出玻璃化转变前的热机械曲线的基线，以及转变过程的切线，两线的交点即为玻璃化转变温度。

3. 点击"T_f"分析按钮，同上述 T_g 分析方法一样，首先沿着高弹平台画出基线，然后做黏流转变过程的切线，可将 T_f 值确定。

4. 点击打印图标即可将试样温度形变曲线、处理结果及采样参数打印出来。

5. 根据外加压力以及所选石英探头的截面积计算试样所受的压缩应力（Pa）。

 思考题

1. 为什么说用本实验仪器和方法测得的高分子玻璃态、高弹态和黏流态之间的转变并非相变？本实验所测得的 T_g 与膨胀计法或电学方法所测得的 T_g 是否一致？

2. 哪些实验条件会影响 T_g 的数值？它们各产生何种影响？

3. T_g 是高分子分子量的函数吗？为什么？

 参考文献

[1]　冯开才，等. 高分子物理实验. 北京：化学工业出版社，2004.

[2] 复旦大学高分子科学系，高分子科学研究所. 高分子实验技术：修订版. 上海：复旦大学出版社，1996.

[3] 吴人洁. 现代分析技术在高聚物中的应用. 上海：上海科技出版社，1987.

实验十六　聚合物的热谱分析——差示扫描量热法

一、实验目的

1. 了解差示扫描量热法的原理，通过差示扫描量仪测定聚合物的加热及冷却谱图。
2. 掌握应用 DSC 测定聚合物的 T_g、T_c、T_m、ΔH_f 及结晶度 X_c 的方法。

二、实验原理

聚合物的热分析是用仪器检测聚合物在加热或冷却过程中热效应的一种物理化学分析技术。差热分析（differential thermal analysis，DTA）是程序控温的条件下测量试样与参比物之间温度差随温度的变化，即测量聚合物在受热或冷却过程中，由于发生物理变化或化学变化而产生的热效应。物质发生结晶熔化、蒸发、升华、化学吸附、脱结晶水、玻璃化转变、气态还原时就会出现吸热反应；当发生诸如气体吸附、氧化降解、气态氧化（燃烧）、爆炸、再结晶时就产生放热反应；当涉及结晶形态的转变、化学分解、氧化还原反应、固态反应等就可能发生放热或吸热反应。差示扫描量热法（differential scanning calorimetry，DSC）是在 DTA 的基础上发展起来的，其原理是检测程序升降温过程中为保持样品和参比物温度始终相等所补偿的热流率 dH/dt 随温度或时间的变化。

聚合物在发生力学状态变化时，伴随比热容及热焓的变化，这些变化都可以在 DSC 热谱曲线上得到反映，因而 DSC 用于研究聚合物的玻璃化转变、相转变、结晶温度 T_c、熔点 T_m、结晶度 X_c、结晶动力学参数；也可以研究聚合、固化、交联、氧化、分解等反应以及测定反应温度或反应热、反应动力学参数。通过对高分子分子热运动规律的理解，了解高分子的力学状态及其转变温度以及影响因素，有助于掌握高分子结构与性能的内在联系。对于合理选用材料、确定加工工艺条件以及设计材料等都非常重要。

根据测量仪器的不同，DSC 分为两种类型：功率补偿型和热流型。功率补偿型 DSC 检测程序升降温过程中为保持样品和参比物温差为零所需补偿的功率 ΔW 随温度或时间的变化。它的主要特点是试样和参比物分别具有独立的加热器和传感器，其结构如图 16-1 所示。

整个仪器由两个控制电路进行监控，其中一个控制温度，使样品和参比物在预定的速率下升温或降温；另一个用于补偿样品和参比物之间的温差，这个温差是由样品的吸热或放热

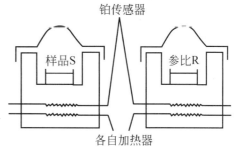

图 16-1　功率补偿型 DSC 加热炉

效应产生的。通过功率补偿电路使样品和参比物的温度保持相同，这样就可以从补偿功率直接求算出热流率，即

$$\Delta W = \frac{dQ_S}{dt} - \frac{dQ_R}{dt} = \frac{dH}{dt}$$

式中，ΔW 为所补偿的功率；Q_S 为样品的热量；Q_R 为参比物的热量；dH/dt 为单位时间的焓变，即热流率，mJ/s。

热流型 DSC 的原理与 DTA 类似，是在给予样品和参比物相同的功率下，测定样品和参比物两端的温差 ΔT，然后根据热流方程，精确地将 ΔT 换算成热流信号输出。热流型 DSC 的加热炉结构如图 16-2 所示。

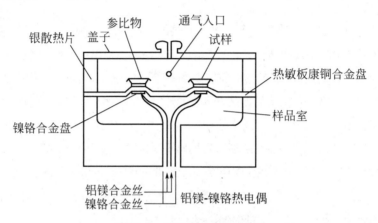

图 16-2　热流型 DSC 加热炉

高分子的 DSC 曲线如图 16-3 所示。DSC 图谱的纵坐标表示样品放热或吸热的速率（即热流速率），当温度达到玻璃化转变温度 T_g(5) 时，试样的热容增大，需要吸收更多的热量，使基线发生位移（2），假如试样具有结晶性，并且处于过冷的非晶状态，那么在 T_g 以上可以进行结晶，同时放出大量的结晶热而产生一个放热峰（6），进一步升温，结晶熔融吸热，

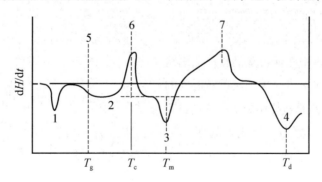

图 16-3　聚合物的 DSC 曲线

1—固-固一级转变；2—偏移的基线；3—熔融转变；4—降解或气化；
5—二级或玻璃化转变；6—结晶；7—固化、氧化、化学反应或交联

出现吸热峰（3），再进一步升温，试样可能发生氧化、交联反应而放热，出现放热峰，最后试样则发生分解、吸热，出现吸热峰（4）。当然，不是所有的聚合物都存在上述全部物理变化和化学变化。

三、实验仪器及原料

仪器：DSC Q20 差动热分析仪。

原料：聚乙烯、聚丙烯、非晶态聚对苯二甲酸乙二醇酯、聚乳酸及聚苯乙烯 PS 等（以未知物的方式发放给学生）。参比物为 α-Al$_2$O$_3$ 或空盘。

四、实验步骤

1. 准确称取 3～5mg 待测聚合物（若测定聚合物的 T_g，则称取 10mg 左右）。再称取相当质量的 α-Al$_2$O$_3$ 为参比物。用压样机将试样及参比物在铝盘中装好压实。

2. 开机步骤。

① 按照仪器说明书的要求对仪器进行检查，确定仪器的基线、温度和热量已校正，仪器处于正常状态。

② 首先打开氮气气瓶，将输出压力调到 0.1～0.14MPa。

③ 依次打开 DSCQ20 主机、RCS 的电源，等待仪器面板前的绿色指示灯亮。

④ 开启计算机。

3. 软件的启动和使用。

① 双击桌面上"TA Instrument Explorer"图标。

② 双击显示界面中的"Q20-1176"图标，进入测试参数输入界面，如图 16-4 所示。

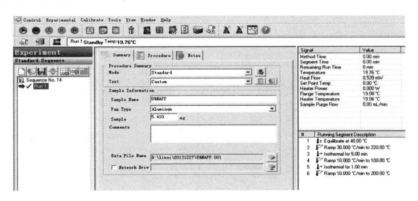

图 16-4　DSC 测试参数输入窗口

③ 单击"Control"菜单下的"Event On"将压缩机打开，然后单击"Go To Standby Temp"（本机的设定值为 40℃）。

④ 在"Summary"界面，将"Mode"设置为"Standard"，将"Test"设置为"Custom"。在"Sample information"栏中输入样品名称，选择所用样品盘类型为"Aluminum"，输入样品质量，并设定样品的存盘路径和文件名。

⑤ 单击"Procedure"图标，将"Test"设置为"Custom"，单击"Method"栏右边的"Editor"

进行实验方法的编辑，在方法程序段栏双击所需的程序段，即可进入程序框编辑程序，点 OK 确认。通常升温速率范围为 5～20℃/min。研究聚合物结晶性能时，为消除热历史的影响，通常升温到比熔融峰终止温度高约 30℃的温度使聚合物熔融，在该温度保持一定时间后，程序降温冷却到比出现转变峰至少低约 50℃，然后，测定聚合物的熔融温度和结晶温度。

⑥ 在 Notes 界面，选择所需的测试气氛 "#1-Nitrogen"，调节气体流量 50mL/min。

4. 将称好的样品和参比物分别放入炉中样品台和参比台上，将所有盖子盖好。待 "Signal" 窗口的 "Flange Temperature" 降至-40℃以下。单击 "运行" 图标开始实验。测试开始后，测试结果将一次次保存到设定的存储文件中。测定完成后，仪器回到设定值温度待机。

5. 更换样品，重复以上测试操作。放置样品前，必须等待 "Signal" 窗口的 "temperature" 回到设定值 40℃。

6. 关机前，先按 "Event off"，然后必须等待 Signal 窗口的 "Flange Temperature" 回到室温后，再单击 "Control" 菜单的 "shutdown instrument" 执行关机。

五、数据处理

1. 玻璃化转变温度 T_g 的分析

玻璃化转变对应于分子链段运动的 "解冻" 或 "冻结"。在 T_g 以下，链段运动被冻结，随着温度升高，自由体积开始膨胀，分子链段运动解冻，聚合物的比热容在 T_g 处发生变化，DSC 曲线通常呈现向吸热方向的突变，或称阶梯状变化。

DSC 图谱中 T_g 的分析方法如图 16-5 所示。由玻璃化转变前后的直线部分取切线外延得到上、下两条虚线，突变曲线上的 C 点平分两延长线间距离 Δ，并经 C 点作切线。通常将 C 点所对应的温度视为 T_g，称为中点玻璃化转变温度 T_g (mid)。ICTA 则推荐将转变前延长线与切线的交点 B 作为 T_g，称为玻璃化起始温度 T_g (onset)。

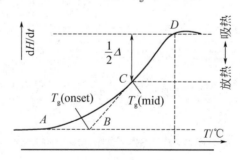

图 16-5　DSC 曲线中聚合物 T_g 的分析

2. 结晶及熔融温度的分析

由 DSC 曲线的熔融吸热峰和结晶放热峰可确定聚合物的熔融温度 T_m 和结晶温度 T_c。通常读取熔融峰顶温度和结晶峰顶温度分别为聚合物的 T_m 和 T_c，以外推熔融起始温度和外推熔融终止温度为聚合物的熔限，如图 16-6、图 16-7 所示。

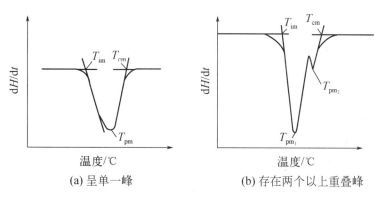

(a) 呈单一峰　　　　　　　　(b) 存在两个以上重叠峰

图 16-6　熔融温度和熔限的分析

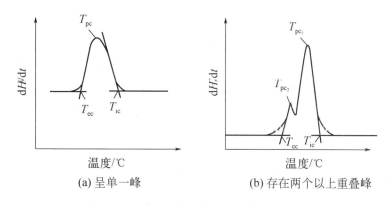

(a) 呈单一峰　　　　　　　　(b) 存在两个以上重叠峰

图 16-7　结晶温度和结晶温度范围的分析

3. 确定未知物

根据未知物的 DSC 测试结果以及文献数据，确定未知物的归属。

4. 结晶度的计算

聚合物的结晶度对其物理性质，如模量、硬度、透气性、密度及熔点等有显著影响。DSC 曲线中熔融峰的峰面积对应试样的熔融热焓 ΔH_f（J/mg），若百分之百结晶的试样的熔融热 ΔH_f^* 是已知的，则按下式计算试样的结晶度 X_c：

$$X_c = \frac{\Delta H_f}{\Delta H_f^*} \times 100\%$$

ΔH_f^* 可以查聚合物手册，也可以通过外推法实测，如先使用 X 射线衍射仪测得一组样品的结晶度，再分别测其 DSC 熔融热，用作图法外推求其 100%结晶度的熔融热。

DSC 测试结果受较多因素的影响，这些因素包括仪器、样品、气氛和加热速率等。它们可能影响峰的形状、位置甚至峰的数目。通常上述因素对受扩散控制的氧化、分解反应的影响较大，而对相转变的影响较小。

影响实验结果的因素主要如下。

① 仪器因素。与炉子的形状、大小和温度梯度有关。热电偶的粗细及其位置会影响曲线的形状和峰的面积。

　　② 测试时所用的气氛是否惰性。热分析测试中所用气氛可以是静态或动态的，也可以是惰性或反应性的。在空气中受热易氧化的样品，测试时应采用惰性气体（如干燥的氮气、氦气）保护。对于测定高分子的玻璃化转变和相转变，气氛的影响不大。

　　③ 升温速率。玻璃化转变是一个松弛过程，升温速率太慢，转变不明显，甚至观察不到玻璃化转变；升温太快，T_g移向高温。升温速率对峰的形状也有影响，升温速率快、基线漂移大，会降低两个相邻峰的分辨率。升温速率适当，峰尖锐、好分辨，但速率太慢，峰变得圆滑，且峰的面积也减小。通常采用 10℃/min 的升温速率。结晶性聚合物在升温过程中发生重组或完善化，升温速率将使其吸热或放热峰的形状发生变化。

　　④ 试样因素。测试时，样品量少使峰小而尖锐、分辨率好；样品量多会使试样内部传热慢，温度梯度大，造成峰大而宽，而且相邻峰会发生重叠，分辨力下降，峰位置向高温漂移。因此，在仪器灵敏度许可的情况下，样品量应尽可能少，一般为 3～5mg。但是在测定 T_g 时，由于转变时热容变化小，样品量要适当多一些。此外，试样的量和参比物的量要匹配，以免两者热容相差太大引起基线漂移。样品的粒度对那些表面反应或受扩散控制的反应影响较大，粒度小则使峰移向低温。同时，粒度还与样品装填后的紧密程度有关，也会影响测试时样品的传热情况。在测试高分子的玻璃化转变或相转变时，最好是薄片或细粉状样品，使样品铺满容器底部并加盖压紧，同时保证容器底部尽可能平整且与样品台之间接触良好。对于薄片样品，在相同的热历史（淬火和退火）条件下，其厚度与熔融行为密切相关，并影响热传导，对测试数据的可比性产生影响。

　　⑤ 溶剂。测试过程中，样品中残留的水分或溶剂的增塑效应及挥发过程将影响测试结果。因此，测试前应将样品烘干以彻底除尽残留的水分或溶剂。

　　⑥ 热历史。样品的热历史和处理条件不同会导致 T_g 及熔融热焓的差别。DSC 测试时通常先去除样品的热历史以及样品中的小分子挥发物，然后第二次升温获取结果。

【附1】等温结晶速率常数测定

　　DSC 是测量聚合物等温结晶的一种快速而灵敏的方法。将聚合物在 DSC 炉中熔融，消除热历史的影响，然后快速冷却到预定温度进行等温结晶，DSC 曲线将出现结晶放热峰。例如，HDPE 在不同温度下等温结晶，结晶速率随结晶温度而异，在 118.0～121.5℃，随温度降低结晶速率加快，结晶终止时间缩短。由于结晶过程在数分钟即完成，因此体系必须能迅速达到设定的恒温状态。

　　假定在等温结晶过程中，结晶的完整性与结晶的生成时间无关，每单位结晶度均释放出等量的热，则经结晶时间 t 分钟后，t 时刻结晶度 X_t 可从结晶热计算。根据 Avrami 方程：

$$1-X_t=\exp\ (-kt^n)$$

　　式中，k 为结晶速率常数；n 为 Avrami 指数，与结晶的成核机理和结晶生长的几何方式有关。

　　两边取对数有

$$\lg[-\ln\ (1-X_t)\ ]=\lg k+n\lg t$$

以 $\lg[-\ln(1-X_t)]$ 对 $\lg t$ 作图，由截距可得结晶速率常数 k，由斜率可得 Avrami 指数 n。

【附2】非等温结晶速率常数测定

在实际加工过程中，如挤出、注射和吹塑成型等，高分子材料的结晶通常在非等温条件下进行，研究非等温结晶动力学具有重要的实用价值。非等温结晶时存在温度梯度和扩散障碍，过程更为复杂。目前，文献报道的非等温结晶过程的研究方法通常有 Ozawa 方法、Ziabicki 方法和 Jeziorny 法等。

Ozawa 方法将等温结晶的 Avrami 方程拓展到在通常速率下的非等温结晶过程。根据 Ozawa 理论，在温度 T 时的结晶度与冷却速率有如下关系：

$$1-X(T) = \exp[-k(T)/\phi^m]$$

即有 $\lg\{-\ln[1-X(T)]\} = \lg k(T) - m\lg\phi$

式中，$X(T)$ 是样品的相对结晶度，是温度 T 的函数；$k(T)$ 是结晶速率常数；ϕ 是冷却速率；m 是 Ozawa 指数，它与不同的成核和生长机理有关。根据不同冷却速率下的 DSC 结晶放热曲线，在某温度下放热曲线面积对整个放热曲线面积比可以求得 $X(T)$ 值。在某一设定温度下，以 $\lg\{-\ln[1-X(T)]\}$ 对 $\lg\phi$ 作图，可得一直线，从直线的斜率和截距分别求得 m 和 k。如果在不同温度下这些直线的斜率 m 均相同，则表明所测试样在给定的一组温度下其结晶机理是相同的。

半结晶时间为：$t_{1/2}(T) = [\ln 2/k(T)]^{1/m}$

【附3】热焓标定物质的转变温度和热焓数据

物质	熔点/℃	热焓/（J/g）	物质	熔点/℃	热焓/（J/g）
Hg	-38.87	11.59	Pb	327.5	23.03
联苯	69.26	120.41	Zn	419.5	107.5
萘	80.3	149.0	SiO_2	573（多晶转变）	20.21
苯甲酸	122.4	148.0	K_2SO_4	583（多晶转变）	47.28
KNO_3	127.7（多晶转变）	50.24	Al	660.2	396.0
In	156.6	28.45	Ag	690.8	105.0
Sn	231.9	60.67	Au	1063.8	62.8

 思考题

1. DSC 测试过程中，应尽量防止样品室被污染，如何才能避免污染？

2. 如何利用 DSC 测定聚合物的比热容？

3. 影响 DSC 实验结果的因素有哪些？

4. 非晶 PET 在其 T_g 温度附近物理老化一段时间后，其升温 DSC 曲线上的玻璃化转变过程会伴随一个明显吸热峰，请解释此现象？

参考文献

[1] 张丽娜，薛奇，莫志深，等. 高分子物理近代研究方法. 武汉：武汉大学出版社，2003.

[2] 汪昆华，罗传秋，周啸. 聚合物近代仪器分析. 北京：清华大学出版社，2000.

[3] 吴人洁. 现代分析技术在高聚物中的应用. 上海：上海科学技术出版社，1987.

[4] 刘振海，等. 分析化学手册：第八分册. 北京：化学工业出版社，2000.

[5] Eisenberg A，Mark J E，et al.Physics Properties of Polymers.Washington D C：ACS，1984.

[6] 冯开才，李谷，符若文，等. 高分子物理实验. 北京：化学工业出版社，2004.

[7] 朱芳，等. 现代化学研究技术与实践实验篇. 北京：化学工业出版社，2011.

实验十七　聚合物材料的热重分析

一、实验目的

1. 了解热重分析法在高分子领域的应用。

2. 掌握热重分析仪的工作原理及其操作方法，学会用热重分析法测定聚合物的热分解温度 T_d，评价聚合物的热稳定性。

二、实验原理

热重分析（thermogravimetric analysis，TGA）是在程序升温下，测量物质质量与温度关系的一种技术。通过 TGA 可以研究各种气氛下高分子的热稳定性和热分解作用，评价材料的高温使用性能，测定水分、增塑剂等挥发物和填料的含量，高分子的固化程度等。

通过热重分析实验得到热重（TG）曲线和微分热重（DTG）曲线，如图 17-1 所示。热重曲线是试样的质量残余率 W（%）对温度 T 的曲线，表示加热过程中样品失重累积质量随温度的变化，为积分型曲线。DTG 是 TG 曲线对 T（或时间 t）的一阶导数，以 W（%）随时间的变化率对 T 或 t 作图，即得 DTG 曲线。DTG 曲线上的峰代替 TG 曲线上的阶梯，峰面积正比于试样质量的变化，峰顶与失重变化速率最大值相对应。

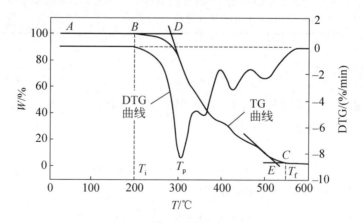

图 17-1　热重曲线和微热热重曲线

TG 曲线上样品质量基本不变的部分称为平台，两平台之间的部分称为台阶。图中 B 点所对应的温度 T_i 是指累积质量变化达到能被热天平检测出时的温度，为失重起始温度，也即 TG 曲线开始偏离基线点的温度。C 点所对应的温度 T_f 是指累积质量变化达到最大时的温度，此后，热天平已检测不出质量的继续变化，称为失重终止温度。T_i 和 T_f 之间为失重区间。D 点对应温度为外延起始温度，是曲线基线延长线与失重区间曲线的切线的交点，由于其重复性较好，所以常用此点温度为失重起始点，表示材料的热稳定性，其值通常较 T_i 偏高。相应地，E 点对应为外延终止温度，也可将其视为失重终止点。通常，还可以用失重达到某一预定值，如 5%、10%等的温度表示失重温度。失重率为 50%的温度称为半分解温度，也可用来衡量材料的热稳定性。DTG 曲线的峰顶温度对应最大失重速率温度，用 T_p 表示。美国材料与试验协会 ASTM 标准规定将失重 5%和 50%两点的连线与基线延长线的交点定义为分解温度。国际标准化组织 ISO 标准规定，将失重 20%和 50%两点的连线与基线延长线的交点定义为分解温度。

热重分析的实验结果主要受两类因素的影响。一是仪器因素，包括升温速率、炉内气氛、炉了的几何形状和坩埚的材料等。二是样品因素，包括样品的质量、粒度、装样的紧密程度和样品的导热性等。

（1）升温速率　在 TGA 测定中，提高升温速率会使样品分解温度明显升高，各阶段失重重叠在一起，分辨率下降。合适的升温速率为 5～20℃/min。

（2）气氛　样品所处气氛对 TGA 测试结果的影响非常大。常见气氛有空气、O_2、N_2、He、Ar 等。例如聚丙烯在空气中由于氧化作用，于 150～180℃下明显增重，在 N_2 中则没有增重现象。气氛流量对样品的分解温度、测温精度和 TGA 谱图形状等也有影响。如果在实验时样品的分解产物不能充分逸散，则其分解温度升高。

（3）试样皿　试样皿材质选择的原则是其对样品、中间产物和最终产物呈惰性，不发生任何化学反应。如碳酸钠等碱性试样会在高温时与石英或陶瓷中的 SiO_2 反应生成硅酸钠，因而不能用陶瓷、玻璃和石英类试样皿装填；含磷、硫或卤素的高分子不适宜采用铂金试样皿，因铂金对该类高分子有加氢或脱氢活性。

（4）样品装填量　TGA 测试样品的装填量不宜过大，在热天平测试灵敏度之内即可。装填量太多，试样内部温度梯度大，热效应会使温度偏离线性程序升温，从而使 TGA 曲线发生变化。样品的粒度太大则将影响热量的传递，使分解反应移向高温。

（5）表观增重　温度升高使样品周围的气体热膨胀从而相对密度下降，浮力减小，造成样品表观增重。如 300℃的浮力可降低到常温时的一半，900℃时降低到约 1/4。因此，要做空白实验以校正基线，消除表观增重。

三、实验仪器及原料

仪器：热重分析仪的结构框架如图 17-2 所示。本实验采用 TA Q50 热重分析仪，如图 17-3 所示。仪器的称量范围：1g；精度：1μg；温度范围：30～800℃；加热速率：0.1～40℃/min。

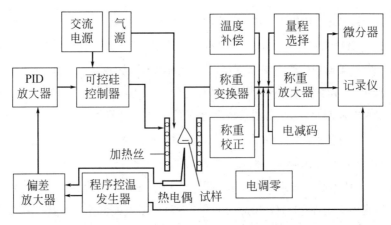

图 17-2　热重分析仪结构框架图

原料：PP、PE、PVC、PMMA、PLA 或 PS 等塑料粒子。

四、实验步骤

1. 打开气氛（空气或氮气）钢瓶阀门，将输出气压调至 0.05～0.1MPa。

2. 打开主机电源开关，并开启电脑。待主机面板电源指示灯亮后，运行电脑桌面的 Instrument Explorer 程序，双击窗口中的 TGA 图标联机，进入测试页面，如图 17-4 所示。

图 17-3　TA Q50 型热重分析仪

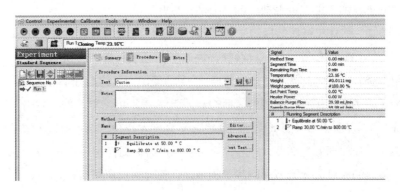

图 17-4　热重分析仪测试主界面

3. 输入样品名称，指定存盘路径，然后编辑实验方法。通常高分子材料测试温度可从 50℃加热到 650℃，含苯环样品须加热到 700℃或 800℃，加热速率选择 10℃/min 或 20℃/min，输入相应的气氛流量，一般为 40mL/min。

4. 单击"furnace unload"，将炉子降下来。单击"sample load"，仪器自动将空盘挂到金属挂钩上，然后单击"furnace load"，待炉子关闭后，单击进行清零。耐心等待清零完成，炉体自动下降，自动取下空盘。

5. 准备 5～6mg 样品，使其稳定放置在样品盘中。单击"sample load"，将样品盘挂上，然后单击"furnace load"，待炉子关闭，样品开始称重并稳定后，单击开始测试。

6. 数据处理。程序正常结束后，测试结果会自动存储，可打开分析软件包对结果进行数据处理，处理完后可保存为可处理的文件类型并导出。

7. 待炉子降至 80℃ 以下，将炉子打开，取出样品盘，重新关闭炉子。用沾有酒精的棉签擦拭样品盘，也可用酒精灯或防风打火机的外焰灼烧，将样品盘清理干净。

8. 按顺序依次关闭软件并退出操作系统，关闭各电源开关。关闭气瓶的高压总阀。

五、数据处理

通过 TG 和 DTG 谱图，确定试样的分解温度 T_d。分析聚合物失重 1%、5%、10%的温度和半失重温度。评价不同聚合物的热稳定性。

思考题

1. TGA 实验结果的影响因素有哪些？

2. 讨论 TGA 在高分子学科的主要应用。

3. 采用空气气氛与惰性气体气氛测试的聚合物材料热失重结果有何不同？

参考文献

[1] 张丽娜，薛奇，莫志深，等. 高分子物理近代研究方法. 武汉：武汉大学出版社，2003.

[2] 汪昆华，罗传秋，周啸. 聚合物近代仪器分析. 北京：清华大学出版社，2000.

[3] 吴人洁. 现代分析技术在高聚物中的应用. 上海：上海科学技术出版社，1987.

[4] 刘振海，等. 分析化学手册：第八分册. 北京：化学工业出版社，2000.

[5] 张美珍. 聚合物研究方法. 北京：中国轻工业出版社，2009.

[6] 冯开才，李谷，符若文，等. 高分子物理实验. 北京：化学工业出版社，2004.

实验十八　聚合物材料的负荷变形温度的测定

一、实验目的

1. 了解负荷变形温度测定仪的原理，掌握负荷变形温度的测试方法。

2. 理解聚合物材料负荷变形温度的物理意义。

二、实验原理

聚合物材料在受热过程中将产生物理变化和化学变化，这两种变化将直接影响材料的物理性质及使用性能。物理变化主要表现为高分子受热时发生软化和熔融，而化学变化则包括高分子在热及环境共同作用下发生的环化、交联、降解、氧化和水解等结构变化。高分子受热时产生的物理变化将影响其尺寸稳定性，可以此来衡量高分子的耐热性。依应力作用方式不同，高分子耐热性能测试方法分为维卡（Vicat）耐热和马丁（Martens）耐热以及负荷变形温度法。不同测试方法所得结果即马丁耐热温度、维卡耐热温度、负荷热变形温度通称为软化点 T_s。从本质上看，T_s 的高低与非晶态高分子的玻璃化转变温度 T_g、晶态高分子的熔融温度 T_m 相联系。

高分子材料的负荷变形温度也称为热变形温度（heat deflection temperature，HDT），是指标准试样以平放（优选的）或侧立方式承受三点弯曲恒定负荷，在匀速升温条件下，其达到某一规定标准挠度时的温度。实验时，将塑料试样浸泡在一个等速升温的液体传热介质中（甲基硅油），在简支架式的静弯曲负载作用下，不同厚度的试样达到不同规定挠度值时的温度，为该材料的负荷热变形温度。目前有国家标准 GB/T 1634.1—2019、GB/T1634.2—2019 以及 ISO 75-1：2020 和 ASTM 648-56。

三、实验仪器及样品

1. 仪器

负荷变形温度测试装置原理如图 18-1 所示。加热浴槽选择对试样无影响的传热介质，如：硅油、变压器油、液体石蜡、乙二醇等，室温时黏度较低。本实验选用甲基硅油为传热介质。可调等速升温速度为：（120±1.0）℃/h。两个试样支架的中心距离为 64mm（平放）或 100mm（侧立），在支架的中点能对试样施加垂直负载，负载杆的压头与试样接触部分为半圆形，其半径为（3±0.2）mm。实验时必须选用一组大小适合的砝码，使试样（平放）受载后的最大弯曲正应力为 1.8MPa（18.5kg/cm²）或 0.45MPa（4.6kg/cm²）。应加砝码的质量由下式计算：

$$F = (2\sigma bh^2 /3L) - R - T \tag{18-1}$$

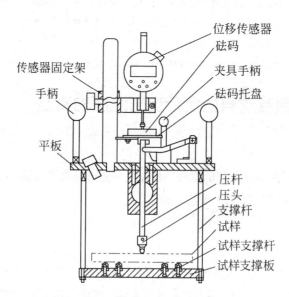

图 18-1　负荷变形温度测试装置原理

式中，σ 为试样最大弯曲正应力；b 为试样宽度，若为标准试样，则试样宽度为 10mm；h 为标准试样厚度 4mm；若不是标准试样，则需测量试样的真实宽度及厚度；L 为两支座中间的距离 64mm；R 为负载杆及压头的质量；T 为变形测量装置的附加力。本实验采用 ZWK 1302 微机控制热变形维卡软化点温度试验机，如图 18-2 所示。其负载杆等重及附加力（$R+T$）为 0.076kg。测量形变的位移传感器精度为±0.005mm。

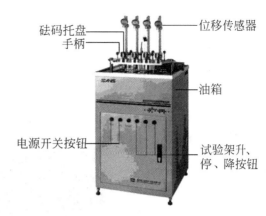

图 18-2　热变形维卡软化点
温度试验机

2. 试样

试样为截面是矩形的长条、试样表面平整光滑，无气泡，无锯切痕迹或裂痕等缺陷。对于平放实验，要求试样尺寸为：长 L=80mm，宽 b=10mm，高 h=4mm。对于侧立试样其尺寸可以如下。①模塑试样：长 L=120mm，宽 b=10mm，高 h=15mm。②板材试样：长 L=120mm，宽 b=3～13mm，高 h=15mm（取板材原厚度）。③特殊情况下，可以用长 L=120mm，宽 b=3～13mm，高 h=9.8～15mm。中点弯曲变形量必须用表 18-1 或表 18-2 中规定值。每组试样最少两个。

表 18-1　对应于不同试样高度的标准挠度（平放实验用的 80mm×10mm×4mm 试样）

试样高度（试样厚度 h）/mm	标准挠度/mm
3.8	0.36
3.9	0.35
4.0	0.34
4.1	0.33
4.2	0.32

表 18-2　对应于不同试样高度的标准挠度
[侧立实验用的 120mm×（3.0～4.2）mm×（9.8～15.0）mm 试样]

试样高度 h/mm	标准挠度/mm	试样高度 h/mm	标准挠度/mm
9.8～9.9	0.33	12.4～12.7	0.26
10～10.3	0.32	12.8～13.2	0.25
10.4～10.6	0.31	13.3～13.7	0.24
10.7～11.0	0.30	13.8～14.1	0.23
11.0～11.4	0.29	14.2～14.6	0.22
11.5～11.9	0.28	14.7～15.0	0.21
12.0～12.3	0.27		

四、实验步骤

1. 开启电脑和主机电源开关，使仪器预热 10min。

2. 双击电脑桌面的"ZWKTestT45C"图标进入软件测试主界面，如图 18-3 所示。检查电脑软件显示的位移传感器值、温度传感器值是否正常。

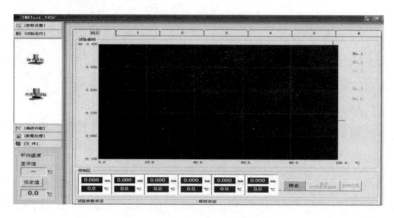

图 18-3　测试主界面

3. 界面中选择"热变形试验"，进入试验参数设置界面，如图 18-4 所示。依据试验要求设置基本参数。高度为 4.0mm 试样的位移上限设定为 0.34mm，升温速度设为 120℃/h。

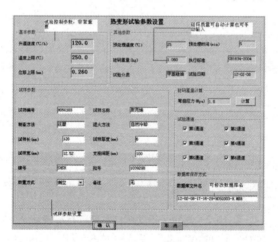

图 18-4　试验参数设置窗口

4. 设置试样参数及其他参数。测量试样中点附近处的高度和宽度值，精确至 0.05mm。输入试样长、宽、高和支座间距（小样条选择 64mm）。在"砝码重量计算"窗口，输入弯曲应力（本实验选择 0.45MPa），负载杆等重及附加力（R+T）为 0.076kg，按"计算"键，则得到所需加砝码的质量。

5. 按一下主机面板的"上升"按钮将支架升起，选择热变形温度测试所需的压头装在负载杆底端，安装时压头上标有的编号印迹应与负载杆的印迹一一对应。抬起负载杆，将试样平放放置在支架中间位置。然后放下负载杆，使压头位于试样中心位置并与其垂直接触。

6. 按"下降"按钮将支架小心浸入油浴槽中，使试样位于液面 35mm 以下。根据计算所得测试需要的砝码重量选择砝码，小心将砝码叠稳且凹槽向上平放在托盘上，并在其上面中心处放置一小磁钢针。

7. 试样在油浴中恒定几分钟后，首先将位移传感器（数显千分表）调零，向下移动位移传感器，使传感器触点与砝码上的小钢磁针直接垂直接触，观察传感器上各通道的变形量，使其处于 4～5mm。依次将数显千分表清零。

8. 在"热变形试验参数设置"界面中点击"确认"键进行实验。装置按照设定速度等速升温，电脑显示屏显示各通道的形变情况。当试样中点弯曲变形量达到设定值 0.34mm 时，实验即自行结束，此时的温度即为该试样在相应最大弯曲正应力条件下的热变形温度。实验结果以"年-月-日-时-分试样编号"作为文件名，自动保存在"DATA"子目录中。材料的热变形温度以同组两个或两个以上试样的算术平均值表示。如果无定形塑料或硬橡胶的单个实验结果相差 2℃以上，或部分结晶试样的单个结果相差 5℃以上，则应重新进行实验。第二次实验的油浴温度必须冷却到 27℃以下，方可重新实验。水冷却需在 120℃以下进行，否则容易导致冷却管损坏，发生危险。

9. 当达到预设的变形量或温度，实验自动停止后，打开冷却水源进行冷却。然后，向上移动位移传感器托架，将砝码移开，升起试样支架，将试样取出。

10. 实验完毕后，依次关闭主机、工控机、打印机、电脑电源。

五、数据处理

1. 单击主界面菜单栏中的数据处理图标，进入"数据处理"窗口，然后单击打开，双击所需的实验文件名，单击"结果"可查看试样负荷变形温度值，记录试样在不同通道的负荷变形温度，计算平均值。

2. 单击"数据处理"下拉菜单中的"生成报告"按钮，实验结果会在实验报告中显示。按"打印"按钮打印实验报告。

 思考题

1. 影响负荷变形温度测试结果的因素有哪些？

2. 计算相同试样不同放置方式所需施加的负荷各为多少？两种放置方法测试的结果会相同吗？

 参考文献

[1] 化学工业标准汇编. 塑料与塑料制品（上）. 北京：中国标准出版社，2004.

[2] 邵毓芳，等. 高分子物理实验. 南京：南京大学出版社，1998.

[3] 冯开才，李谷，符若文，等. 高分子物理实验. 北京：化学工业出版社，2004.

实验十九　聚合物材料维卡软化温度的测定

一、实验目的

1. 了解热塑性塑料的维卡软化温度的测试方法。
2. 测定 PP、PS 等试样的维卡软化温度。

二、基本原理

聚合物的耐热性能，通常是指它在温度升高时保持其物理机械性质的能力。聚合物材料的耐热温度是指在一定负荷下，其到达某一规定形变值时的温度。发生形变时的温度通常称为塑料的软化点 T_s。因为使用不同测试方法各有其规定选择的参数，所以软化点的物理意义不像玻璃化转变温度那样明确。常用维卡（Vicat）耐热和马丁（Martens）耐热以及热变形温度测试方法测试塑料耐热性能。不同方法的测试结果相互之间无定量关系，它们可用来对不同塑料作相对比较。

维卡软化温度（Vicat softening temperature，VST）是测定热塑性塑料于特定液体传热介质中，在一定的负荷、一定的等速升温条件下，试样被 $1mm^2$ 针头压入 1mm 时所对应的温度。本方法仅适用于大多数热塑性塑料。实验测得的维卡软化点适用于控制质量和作为鉴定新品种热性能的一个指标，但不代表材料的使用温度。现行维卡软化点的国家标准为 GB/T1633-2000。

三、实验仪器及样品

1. 仪器

维卡软化温度测试装置原理如图 19-1 所示。负载杆压针头长 3mm，横截面积为 $(1.000\pm0.015)\ mm^2$，压针头平端与负载杆呈直角，不允许带毛刺等缺陷。加热浴槽选择对试样无影响的传热介质，如硅油、变压器油、液体石蜡、乙二醇等，室温时黏度较低。本实验选用甲基硅油为传热介质。可调等速升温速度为：$(5\pm0.5)\ ℃/6min$ 或 $(12\pm1.0)\ ℃/6min$。试样承受的静负载 $G=W+R+T$（W 为砝码质量；R 为压针及负载杆的质量；T 为变形测量装置附加力），本实验装置负载杆、压头、铝托盘以及位移传感器测量杆总质量为 76g。负载为 10N 或 50N。装置测量形变的精度为 0.005mm。

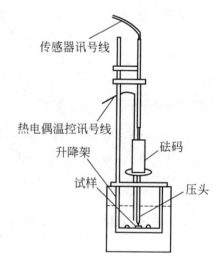

图 19-1　维卡软化温度测试装置原理

传感器讯号线

热电偶温控讯号线

升降架

试样

砝码

压头

2. 试样

维卡试验中，试样为厚度 3～6.5mm，边长 10mm 的正方形或直径 10mm 的圆形。试样的两面应平行、表面平整光滑、无气泡、无锯齿痕迹、凹痕或裂痕等缺陷。每组试样至少为2个。板材试样厚度超过6mm时，应在试样一面加工使其厚度削减到3～6.5mm。如厚度不足3mm时，则可由不超过3块试样叠合成厚度为3～6.5mm，上片厚度至少为1.5mm。厚度较小的片材叠合不一定能得到相同的实验结果。

四、实验步骤

1. 开启电脑及主机的电源开关，让系统启动并预热10min。

2. 双击电脑桌面的"ZWKTestT45C"图标进入软件测试主界面，如图18-3所示。

3. 在主界面中选择"维卡试验"，进入维卡试验参数设置界面，如图19-2所示。依据试验要求设置各项参数。试验控制参数中，升温速度设为50℃/h，位移上限为1mm。

图19-2 维卡实验参数设置窗口

4. 按一下主机面板的"上升"按钮将支架升起，选择维卡测试所需的针式压头装在负载杆底端，安装时压头上标有的编号印迹应与负载杆的印迹一一对应。抬起负载杆，将试样放入支架，然后放下负载杆，使压头位于其中心位置并与试样垂直接触，试样另一面紧贴支架底座。

5. 按"下降"按钮将支架小心浸入油浴槽中，使试样位于液面35mm以下。开动搅拌浆，在试验开始时，浴槽的起始温度应为20～23℃。

6. 按测试需要选择砝码，使试样承受负载10N（1kg）或50N（5kg）。本实验选择50N砝码，小心将砝码凹槽向上平放在托盘上，并在其上面中心处放置一小磁钢针。

7. 下降5min后，将位移传感器清零并向下移动，使数显千分表触点与砝码上的小钢磁针直接垂直接触，观察数显千分表的变形量，使其达到4～5mm，然后按set键调零。

8. 按"确认"键，程序回到主界面，开始实验。装置按照设定速度等速升温。电脑显示屏显示各通道的形变情况。当压针头压入试样1mm时，实验即自行结束，此时的温度即为该试样的维卡软化点。实验结果以"年-月-日-时-分试样编号"作为文件名，自动保存在"DATA"

子目录中。材料的维卡软化点以两个试样的算术平均值表示，同组试样测定结果之差应小于2℃。

9. 当达到预设的变形量或温度，实验自动停止后，打开冷却水源进行冷却。然后，向上移动位移传感器托架，将砝码移开，升起试样支架，将试样取出。

10. 实验完毕后，依次关闭主机、工控机、打印机、电脑电源。

五、数据处理

1. 单击主界面菜单栏中的数据处理图标，进入"数据处理"窗口，然后单击打开，双击所需的实验文件名，单击"曲线功能"可查看试样各个通道的温度-位移曲线。

2. 单击"生成报告"，可以将某次试验的试验数据导出到实验报告上，按"打印"按钮打印实验报告。

思考题

1. 影响维卡软化温度测试的因素？
2. 测试所需传热介质应如何选择？
3. 采用不同方法测试的软化温度是否具有可比性？

参考文献

[1] 化学工业标准汇编. 塑料与塑料制品（上）.北京：中国标准出版社，2000.

[2] 复旦大学高分子科学系,高分子科学研究所. 高分子实验技术. 修订版. 上海:复旦大学出版社,1996.

[3] 邵毓芳，等. 高分子物理实验. 南京：南京大学出版社，1998.

[4] 冯开才，李谷，符若文，等. 高分子物理实验. 北京：化学工业出版社，2004.

[5] 热塑性塑料维卡软化温度（VST）的测定：GB/T 1633—2000[S]. 北京：中国标准出版社，2000.

第四单元

聚合物熔体的流动性质

实验二十　塑料熔体流动速率及挤出胀大的测定

一、实验目的

　　1. 了解热塑性塑料熔体流动速率与加工性能的关系，掌握熔体流动速率的测试方法。

　　2. 观察熔体挤出胀大现象，测定挤出胀大比。

二、基本原理

　　熔体流动速率（melt flow rate，MFR）是指热塑性树脂在一定温度、恒定压力下，熔体在 10min 内流经标准口模的质量值，单位是 g／（10min）。熔体流动速率也常称为熔体流动指数（MFI）或熔融指数（MI）。

　　表征高分子熔体的流动性好坏的参数是熔体的黏度。熔体流动速率仪实际上是简单的毛细管黏度计，它所测量的是熔体流经标准内径管道的质量流量。由于熔体密度数据难以获得，故不能计算表观黏度。但由于质量与体积成一定比例，故熔体流动速率也可用来衡量熔体的相对的黏度值。因而，熔体流动速率可以用作区别各种热塑性材料在熔融状态时的流动性的一个指标。对于同一类高分子，可由此来比较分子量的大小。一般来说，同类的高分子，分子量越高，熔体流动速率越小，其强度、硬度、韧性、缺口冲击等物理性能会相应有所提高。反之，分子量小，熔体流动速率则增大，材料的流动性就相应好一些。在塑料加工成型中，对塑料的流动性常有一定的要求。如压制大型或形状复杂的制品时，需要塑料有较大的流动性。如果塑料的流动性太小，常会使塑料在模腔内填塞不紧或树脂与填料分头聚集（树脂流动性比填料大），从而使制品质量下降，甚至成为废品。而流动性太大时，会使塑料溢出模外，造成上下模面发生不必要的黏合或使导合部件发生阻塞，给脱模和整理工作造成困难，同时还会影响制品尺寸的精度。由此可知，塑料的流动性好坏，与加工性能关系非常密切，表 20-1 中是某些加工方法适宜的熔体流动速率值。实际成型加工过程往往是在较高的切变速率下进行，由于塑料熔体偏离牛顿流体的流动特性，为了获得适合的加工工艺，通常要研究熔体黏度对温度和切变应力的依赖关系。掌握了它们之间的关系以后，可以通过调整温度和切变应力（施加的压力）来使熔体在成型过程中的流动性符合加工以及制品性能的要求。但是，由于熔体流动速率是在低切变速率的情况下获得，与实际加工的条件相差很远，因此，在实际应用中，熔体流动速率主要是用来表征由同一工艺流程制成的高分子其性能的均匀性，并对热塑性高分子进行质量控制，简便地给出热塑性高分子熔体流动性的度量，作为加工性能的指标，表 20-2 中是国产不同牌号的低密度聚乙烯的熔体流动速率与性能和用途说明。

表 20-1　不同加工方法适宜的熔体流动速率值

加工方法	产品	材料的 MFR	加工方法	产品	材料的 MFR
挤出成型	管材	<0.1	挤出成型	胶片（流延薄膜）	9～15
	片材、瓶、薄壁管	1～0.5	注射成型	模压制件	1～2
	电线电缆	0.1～1	注射成型	薄壁制件	3～6
	薄片、单丝（绳）	0.5～1	涂布	涂敷纸	9～15
	多股丝或纤维	约为 1	真空成型	制件	0.2～0.5
	瓶（玻璃状物）	1～2			

表 20-2　不同熔体流动速率的低密度聚乙烯的性能和用途

牌号	熔体流动速率	密度 ρ/（g/cm^3）	性能和用途
1I2A-1	2	0.921	加工性能好、耐压、耐冲击，可注塑、模塑，制管材
1I20A	20	0.920	加工性能好、耐冲击、光泽好，可注塑、模塑，制中空制品
1I50A	50	0.916	流动性好、有光泽、柔软性很好，可注塑，制塑料花

由于熔体流动速率仪结构简单，价廉，操作简便，对于某一个热塑性聚合物来说，如果从经验上建立起熔体流动速率与加工条件、产品性能的对应关系，那么，用熔体流动速率来指导该聚合物的实际加工生产就很方便，因而熔体流动速率的测定在塑料加工行业中得到广泛的应用。国内生产的热塑性树脂（尤其是聚烯烃类）一般都附有熔体流动速率的指标。这些指标都是按照规定的标准试验条件来测试的。因为相同结构的聚合物，测定熔体流动速率时所用的试验条件（温度、压强）不同，所得的熔体流动速率也不同。所以，要比较相同结构的聚合物的熔体流动速率，必须在相同的测试条件下进行。熔体流动速率的国家标准为 GB/T 3682.1—2018，国际标准为 ISO1133-1:2011。表 20-3 是各种塑料熔体流动速率的国家标准测定条件（GB/T 3682.1—2018）。

本实验中负荷和温度对试验结果影响很大。加大负荷将使流动速率增加。在试样热稳定性允许的前提下，升高温度将使流动速率增加，如果料筒内的温度分布不均匀或温度稳定性不够，将给流动速率的测试带来很明显的不确定因素。由于在本试验中，唯有温度是动态参数，因此对温度的控制必须严格。此外，关键零件，如口模内孔、料筒、压料杆（活塞杆）的机械制造尺寸精度误差也使测试数据大大偏离。粗糙度太大，也将使测试数据偏小。

高分子的挤出胀大现象是指从模口出来的聚合物熔体的直径大于口模直径的现象。这是由于聚合物熔体流动过程伴随可逆的高弹形变所致，通过测量挤出样条的直径，可计算出胀大比。

表 20-3　常见热塑性材料熔体流动速率的国家标准测定条件（GB/T 3682.1—2018）

材料	试验温度 T/℃	标称负荷（组合）/kg
PS	200	5.00
PE	190	2.16
PE	190	0.325
PE	190	21.60
PE	190	5.00
PP	230	2.16
ABS	220	10.00
PS-1	200	5.00
E/VAC	150	2.16
E/VAC	190	2.16
E/VAC	125	0.325
SAN	220	10.00
ASA、ACS、AES	220	10.00
PC	300	1.20
PMMA	230	3.80
PB	190	2.16
PB	190	10.00
POM	190	2.16
MABS	220	10.00

三、实验仪器及原料

本实验使用国产熔体流动速率测定仪，如图 20-1 所示。其主要由主体结构和加热控制两部分组成。其主体结构如图 20-2 所示，这是仪器的关键部分。它包括以下几个方面。

（1）料筒　采用氮化钢材料，并经氮化处理。长度为 160mm，内径（9.55±0.02）mm，维氏硬度 HV≥700。

（2）压料杆（包括压料杆头）总长（210±0.1）mm，直径 $\left(9^{+0.02}_{-0.01}\right)$ mm，压料杆头长为 6.5mm，直径为 $9.550\left(^{+0.05}_{-0.07}\right)$ mm，压料杆头与料筒间隙为（0.75±0.015）mm。

（3）标准口模　外径 $\left(9.55^{+0.03}_{-0.06}\right)$ mm，内径（2.095±0.005）mm，高度为（8.000±0.025）mm，维氏硬度 HV≥700。

料筒外面包裹的是加热器，在料筒的底部有一只标准口模，口模中心是熔体挤压流经的毛细管。料筒内插入一支活塞杆，在杆的顶部压着砝码（砝码基本配置：A 为 0.325kg，B 为

0.875kg，C 为 0.960kg，D 为 1.200kg，E 为 1.640kg），这可驱使聚合物熔体以一定速率（质量流速或体积流速）向下运动流经毛细管。

原料：聚苯乙烯、聚乙烯、聚丙烯粒料，各 3.2g。

图 20-1　ZRZ1452 熔体流动速率试验机

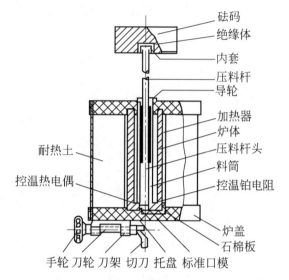

图 20-2　熔体流动速率测定仪主体结构

四、试验步骤

1. 查阅相关测试标准，根据不同试样确定实验条件。例如聚苯乙烯选择温度 190℃，荷重 5kg 进行测试。

2. 检查仪器是否清洁且呈水平状态。

3. 将料筒底部的口模垫板推入，将标准口模及压料杆放入预先已装好料筒的炉体中。

4. 开启电源，通过仪器操作面板设定参数（选择质量法）：测试温度、切割样品的数量以及切割时间间隔。待升温到试验温度（190±0.1）℃后恒温 10min。

5. 将预热的压料杆取出，把称好的试样用漏斗加入料筒内，放回压料杆，固定好导套，使压料杆能保持垂直，并将料压实。整个加料与压实过程需在 1min 内完成。试样用量取决于 MFR 的大小。一般加料量在一定范围内对结果影响不大。可参考表 20-4。

表 20-4　熔体流动速率与试样用量及切割时间的关系

MFR /（g/10min）	试样用量/g		切样间隔时间 t/s	
	ISO 标准	GB 标准	ISO 标准	GB 标准
0.1～0.5	4～5	3～5	240	120～240
0.5～1.0	4～5	4～6	120	60～120
1.0～3.5	4～5	4～6	60	30～60
3.5～10	6～8	6～8	30	10～30
>10	6～8	6～8	5～15	5～10

6. 试样装入后，用手压使活塞降到下环形标记，弃去流出试样，这一操作要保证活塞（压料杆）下环形标记在 5min30s 时降到与料口相平。5min30s 时开始加负荷，6min 开始切割，弃去 6min 前的试样，保留连续切取的无气泡样条 8～10 个。剪取平稳流动的一段试样留待测试其直径。取样毕，将料压完，卸去砝码。在活塞杆上有多根刻线，在料筒内加料后，活塞杆插入料筒，这时刻线都暴露在上面，料筒内近底部的熔体由于存在气泡等原因是不采用的，要等到活塞杆下移后达到第一根刻线，才进入有效范围，至最上面刻线为止，多余部分也属无效。

7. 取出压料杆和标准口模，趁热用软纱布擦干净，标准口模内余料用专门的顶针清除，把清料杆安上手柄，挂上纱布，边推边旋转清洗料筒，更换纱布，直到料筒内壁清洁光亮为止。

8. 取 8 个无气泡的切割段分别称量（准确到 mg）。若最大值与最小值之差超过平均值的 15%，则需要重新取样进行测定。

9. 取 8 个切割段分别用游标卡尺量取直径最大值。

10. 尝试将测试完成后的材料回收，剪碎，再进行第二次测试，分析比较测试结果。

五、数据处理

1. 熔体流动速率按下式求出：

$$\text{MFR}(T/F) = \frac{W \times 600}{t}(\text{g}/10\text{min})$$

式中，W 为 8 个切割段的平均质量，g；t 为每切割段所需时间，s；T 为试验温度，℃；F 为标称负荷，kg。

2. 熔体挤出胀大比 B 值计算：

$$B = D/D_0$$

式中，D 为挤出物最大直径；D_0 为标准口模直径。

【附 1】聚合物熔体体积流动速率（melt volume-flow rate，MVR）及熔体密度的测定

目前，一般而言的熔体流动速率都是指熔体质量流动速率 MFR，而在最近的国家标准中，已根据国际标准 ISO 1133－1：2011，增加了"熔体体积流动速率"的内容。

熔体体积流动速率是指热塑性材料在一定温度和压力下，熔体每 10min 通过规定的标准口模的体积，用 MVR 表示，单位为 cm³/10min。它从体积的角度出发，来表示热塑性材料在熔融状态下的黏流特性，对调整生产工艺，提供了科学的指导参数。

测试时，预先设定活塞杆下移距离，通常行程一般为 3.175mm、6.35mm、12.7mm、25.4mm，然后，测定该段熔体流出的时间。

熔体体积流动速率为：

$$\text{MVR}(T/F) = A \times t_{\text{ref}} \times L / t = 427 \times L / t$$

式中，T 为试验温度，℃；F 为标称负荷，kg；A 为活塞和料筒的截面积平均值，标准平均截面积为 0.711cm²；t_{ref} 为参比时间（600s）；L 为预先设定的活塞杆下移距离，cm；t 为测量时间的平均值，s。

利用体积法做完试验后，将有效样条称重，根据下式计算试样熔融状态下的密度 ρ：

$$\rho = \frac{m}{AL} = \frac{m}{0.71L} \times L(\text{g/cm}^3)$$

式中，m 为样条的平均质量，g；L 为活塞杆的行程，cm。

【附2】一些塑料熔体流动速率测定的标准条件（ASTM D-1238）

条件	温度/℃	荷重/kg	压力/（kgf/cm²）[①]	适用塑料	
1	125	0.325	0.46		
2	125	2.16	3.04		
3	190	0.325	0.46	聚乙烯	纤维素酯
4	190	2.16	3.04		
5	190	21.60	31.40		
6	190	10.60	14.06	聚醋酸乙烯酯	
7	150	2.16	3.04		
8	200	5.00	7.03		ABS 树脂
9	230	1.20	1.69	聚苯乙烯	
10	230	3.80	5.34		丙烯酸树脂
11	190	5.00	7.03		
12	265	12.50	17.58	聚三氟乙烯	
13	230	2.16	3.04	聚丙烯	
14	190	2.16	3.04	聚甲醛	
15	190	1.05	1.48		
16	310	1.20	1.69	聚碳酸酯	
17	275	0.325	0.46		
18	235	1.00	1.41	尼龙	
19	235	2.06	3.04		
20	235	5.00	7.03		

① 1kgf/cm²=9.806×10⁴Pa。

思考题

1. 对于同一聚合物试样，改变温度和剪切应力对其熔体流动速率有何影响？
2. 聚合物的熔体流动速率与分子量有什么关系？熔体流动速率值在结构不同的聚合物之间能否进行比较？

参考文献

[1] 潘鉴元，等. 高分子物理. 广州：广东科学技术出版社，1981.

[2] 塑料 热塑性塑料熔体质量流动速率（MFR）和熔体体积流动速率（MVR）的测定 第一部分：标

准方法：GB/T 3682.1—2018.

[3] 塑料 热塑性塑料熔体质量流动速率（MFR）和熔体体积流动速率（MVR）的测定 第2部分：对时间-温度历史和（或）湿度敏感的材料的试验方法：GB/T 3682.2—2018.

[4] 浙江省皮革塑料工业公司. 常用树脂牌号手册. 杭州：浙江科学技术出版社，1981.

[5] 冯开才，李谷，符若文，等. 高分子物理实验. 北京：化学工业出版社，2004.

实验二十一　毛细管流变仪测定聚合物熔体流动特性

一、实验目的

1. 了解高分子熔体的流动特性。

2. 掌握用毛细管流变仪测定高分子熔体流动特性的实验方法和数据处理方法。

二、基本原理

高分子熔体（或浓溶液）的流动特性，与高分子的结构、分子量及分子量分布、分子的支化与交联有密切的关系。聚合物材料在挤出、注塑、吹膜、压延、拉伸等加工成型过程中，其流动行为十分重要。材料的流动性不仅影响其加工成型，还会影响最终产品的力学性能。例如，分子取向对薄膜和纤维的力学性能有很大的影响，而分子取向的类型和程度主要是由加工过程中流动场的特点和材料的流动行为所决定的。了解高分子熔体的流动特性对于选择加工工艺条件和成型设备等具有指导性意义。

描述熔体流动时切应力和切变速率关系的曲线称为熔体的流动曲线。高分子熔体多属非牛顿流体，不同类型的流动曲线如图21-1所示，式（21-1）可表示它们之间的关系。

$$\sigma - \sigma_y = \eta_a \dot{\gamma} = K \dot{\gamma}^n \qquad (21\text{-}1)$$

式中，$\dot{\gamma}$ 为切变速率，也可用 $\mathrm{d}\gamma/\mathrm{d}t$ 表示，γ 是应变，σ 是切应力；σ_y 是屈服切应力；η_a 是表观黏度；K 为常数。

毛细管流变仪可以方便地用于高分子材料熔体流变性能的测试。挤出毛细管流变仪的测定条件（剪切速率和剪切应力）和挤出、注塑加工条件相近，是研究表征高分子分子结构与加工性能的有效

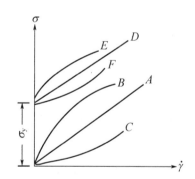

图 21-1　各种不同流体的流动曲线
A—牛顿流体；B—假塑性流体；C—胀塑性流体；D—宾汉塑性流体；E—宾汉假塑性流体；F—宾汉胀塑性流体

实验仪器。通过本仪器可以测定高分子熔体表观剪切黏度，还可以观察高剪切速率下熔体的不稳定流动以及熔体破裂现象。

毛细管流变仪的原理如图21-2所示。仪器由一活塞加压，造成毛细管两端的压力差 $\Delta p = p - p_0$，在此压力下将熔体通过半径为 R、长为 L 的毛细管挤出。高分子熔体在管长无限长的毛细管中的流动是一种不可压缩的黏性流体的稳态流动，毛细管管轴附近某一半径为

r、长度为 l 的体积单元所受到的剪切力和静压力分别为 $\sigma_s 2\pi rl$ 和 $\Delta p\pi r^2$，在稳态流动时作用力达到平衡，即

$$\Delta p(\pi r^2) = \sigma(2\pi rl) \qquad (21\text{-}2)$$

式中，Δp 为此体积单元流体所受压力差；σ 为切应力

$$\sigma = \frac{1}{2}\times\frac{\Delta pr}{l} \qquad (21\text{-}3)$$

当压力梯度一定时，σ 随 r 增大而线性增大。在管壁处，即 $r=R$ 时，管壁切应力

$$\sigma_{\mathrm{w}} = \Delta pR/2L \qquad (21\text{-}4)$$

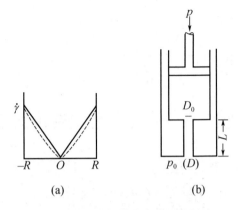

图 21-2　毛细管流变仪的原理
(a) 毛细管内切变速率的变化（实线为牛顿流体，虚线为高分子熔体）；(b) 毛细管中流体所受压力

式中，R 和 L 是毛细管的半径和长；Δp 为流体流过毛细管长度 L 时所引起的压力降。牛顿流体在毛细管中流动时，具有抛物线状的速率分布曲线。其平均流动线速率

$$v = \frac{\Delta pR^2}{8L\eta} \qquad (21\text{-}5)$$

在 r 处的切变速率 $\dot{\gamma}$ 为

$$\dot{\gamma} = \frac{-\mathrm{d}v}{\mathrm{d}r} = \frac{\Delta pr}{2L\eta} \qquad (21\text{-}6)$$

取边界条件 $r=R$ 时，$v=0$，对 r 积分可得流体的线速度 $V(r)$ 方程

$$V(r) = \left(\Delta pR^2/4\eta L\right)\left[1-\left(\frac{r}{R}\right)^2\right] \qquad (21\text{-}7)$$

式（21-7）对毛细管截面积分可得体积流速 Q

$$Q = \int_0^R V(r)2\pi r\mathrm{d}r = \pi R^4 \Delta p/8\eta L \qquad (21\text{-}8)$$

由此可得著名的哈根-泊肃尔（Hagen-Poiseuille）黏度方程

$$\eta = \frac{\pi R^4 \Delta p}{8QL} \qquad (21\text{-}9)$$

在毛细管壁处（$r=R$）的切变速率

$$\dot{\gamma}_{\mathrm{w}} = -\left(\frac{\mathrm{d}v}{\mathrm{d}r}\right) = \frac{\Delta pR}{2\eta L} = \frac{4Q}{\pi R^3} \qquad (21\text{-}10)$$

但高分子流体一般不是牛顿流体，需做非牛顿改正，经推导得

$$\dot{\gamma}_{w}^{改正} = \frac{3n+1}{4n}\dot{\gamma}_{w} \tag{21-11}$$

式中，n 为非牛顿指数

$$n = \frac{\mathrm{dlg}\,\sigma_{w}}{\mathrm{dlg}\,\dot{\gamma}_{w}} \tag{21-12}$$

可由未改正的双对数流变曲线斜率求得。对符合幂律的非牛顿流体，n 是常数。

应用改正后的切变速率可以定义一个表观黏度，高分子的表观黏度可由下式计算

$$\eta_{a} = \frac{\sigma_{w}}{\dot{\gamma}_{w}^{改正}} \tag{21-13}$$

在实际的测定中，毛细管的长度都是有限的，故式（21-2）应修正。同时，由于流体在毛细管入口处的黏弹效应，使作用在毛细管壁处的实际剪切应力减小，相当于毛细管的有效长度变长，也需对管壁的切应力进行改正，这种改正叫做入口改正。常采用 Bagley 校正

$$\sigma_{w}^{改正} = \frac{\Delta p}{2}\left(\frac{L}{R} + e\right)^{-1} \tag{21-14}$$

式中，e 为 Bagley 校正因子。

e 的测定方法如图 21-3 所示。在恒定切变速率下测定几种不同长径比（$L/2R$）的毛细管的压力降 Δp，然后把 Δp-L/R 曲线外推至 Δp=0，便可得到 e 值。比较式（21-4）与式（21-14）可得

$$\sigma_{w}^{改正} = \frac{1}{(1 + Re/L)}\sigma_{w} \tag{21-15}$$

当毛细管较短时，入口效应不可忽略，当 L/R 增大（例如对于聚丙烯 $L/2R$=4.0）时，则入口改正可忽略不计。

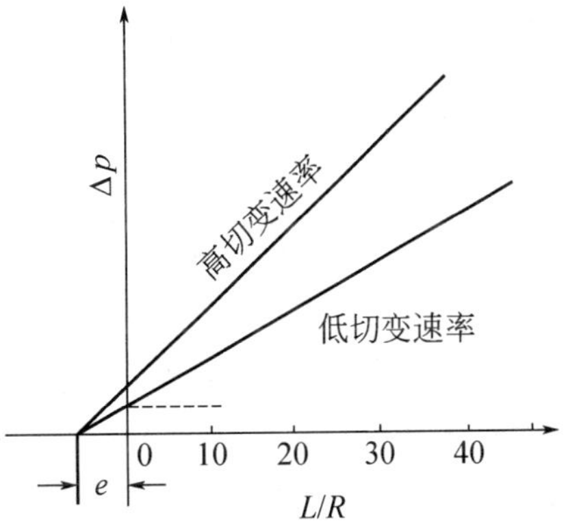

图 21-3　毛细管流变仪的 Bagley 改正

三、实验仪器及原料

1. 仪器

MLW-400 计算机控制毛细管流变仪，仪器及结构原理如图 21-4 所示。毛细管（R=0.25mm，L=36mm；R=0.5mm，L=40mm）。

2. 原料

聚苯乙烯、聚丙烯、涤纶（均为粒料）。水分使熔体产生气泡，影响流动，微量水分还容易造成缩聚物降解。因此，试样在测试前先真空干燥 2h 以上（涤纶 4h 以上），以除去水分及其他挥发性杂质。

四、实验步骤

1. 开启稳压电源，依次开启仪器总开关及控制面板开关。预热 20min 后，按下复位键，并检查面板上各按钮是否正常工作。

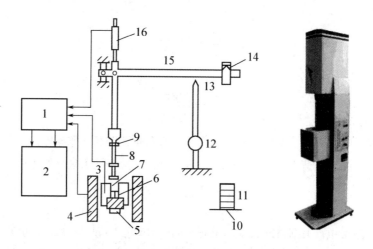

图 21-4　流变仪结构及 MLW-400 型流变仪

1—控制面板；2—计算机；3—热电偶；4—电炉；5—螺钉；6—毛细管；7—试样料筒；8—塞柱；

9—调整螺阀；10—砝码托；11—砝码；12—手轮；13—支撑；14—刀架；

15—压杆；16—差动变压器

2. 打开电脑，进入流变仪实验操作界面，设置实验条件。本实验依试样不同可选择 190℃、230℃、260℃、320℃、330℃的实验温度。

3. 安装毛细管。选择适当长径比的毛细管，从料筒下面旋入料筒中，并从料筒上面放进柱塞。

4. 单击"准备实验"，进行力值调零和升温。等待温度上升至设定温度后，加入 2～3g 试样，装上压料杆，使其不接触物料，等待温度稳定至实验温度。

5. 单击"开始实验"，在规定时间内将压料杆下移至与物料接触，使电脑上"负荷显示"大概为几十或一百"N"即可。当恒温 10min 后系统软件提示加压时，注意观察"负荷显示"，若加压过慢，可以适当调节压杆高度。记录流变速率曲线。

6. 一个条件下的实验结束时，根据曲线情况选择是否保存数据。进入下一个条件实验前，先提起压杆，否则负荷清零不准确。仪器连续自动改变负荷，重复测试。每个温度共做 5～6 个不同负荷下的流变速率曲线。再改变温度，重复 4、5、6 步操作。

7. 实验结束后，停止加热。趁热卸下毛细管，并用绸布擦拭干净毛细管及料筒，避免残存聚合物的降解物影响下一次测试。

8. 曲线分析。在工具栏上单击"打开"图标，单击要分析的曲线文件，进入分析过程。根据参数的设定与试验方法，绘制所需曲线。也可用如下方法手动处理数据。

五、数据处理

1. σ_w、$\dot{\gamma}_w$、$\dot{\gamma}_w^{改正}$ 及 η_a 的计算。

记录仪记录的是如图 21-5 中的流动速率曲线，a 是柱塞下降量（cm），b 是所需时间。则挤出速率为

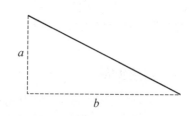

图 21-5　流动速率曲线

$$v = a/b\,(\text{cm/s})$$

因为柱塞头横截面积 $S = 1\text{cm}^2$，故熔体的体积流速为

$$Q = vS = a \times S/b\,(\text{cm}^3/\text{s}) \tag{21-16}$$

代入式（21-10）可求出 $\dot{\gamma}_\text{w}$。

再由式（21-4）计算 σ_w。由式（21-12）计算出非牛顿指数 n 后，再由式（21-11）计算 $\dot{\gamma}_\text{w}^{\text{改正}}$ 及由式（21-13）计算表观黏度 η_a。

2. 绘制流动曲线。

① 绘制 $\lg\sigma_\text{w} - \lg\dot{\gamma}_\text{w}^{\text{改正}}$ 及 $\lg\eta_\text{a} - \lg\dot{\gamma}_\text{w}^{\text{改正}}$ 双对数流动曲线，并从曲线的形状讨论高分子试样的流动类型。（注意：图上应标明测试温度及所用毛细管的长径比）

② 在各种温度的 $\lg\eta_\text{a} - \lg\dot{\gamma}_\text{w}^{\text{改正}}$ 曲线图中，从某相同切变速率下读取 η_a 值。再绘制等切变速率下的 $\lg\eta_\text{a} - \dfrac{1}{T}$ 关系曲线，并依式（21-17）从直线的斜率计算该试样的表观黏流活化能 E_η。

$$\lg\eta_\text{a} = \lg A + \frac{\Delta E_\eta}{RT} \tag{21-17}$$

③ 依图 21-3 的方法求出 Bagley 校正因子 e，并依式（21-15）计算经校正的 $\sigma_\text{w}^{\text{改正}}$，与 σ_w 进行比较。

【附】单位换算方法

切应力的法定单位为 Pa，切变速率的单位为 s^{-1}，表观黏度的法定单位为 Pa·s。但该实验中使用单位，Δp 为 kgf/cm^2，L 为 cm，R 为 cm，Q 为 cm^3/s，由式（21-4）、式（21-10）和式（21-13）计算得 σ_w、$\dot{\gamma}_\text{w}$ 及 η_a 的单位及其转换关系如下。

σ_w：kgf/cm^2 或 dyn/cm^2，$1\text{kgf/cm}^2 = 9.806 \times 10^4\text{Pa}$ 或 $1\text{dyn/cm}^2 = 0.1\text{Pa}$

$\dot{\gamma}_\text{w}$：s^{-1}

η_a：kgf·s/m^2 或 P（泊），$1\text{kgf·s/m}^2 = 9.806\text{ Pa·s}$ 或 $1\text{P} = 0.1\text{ Pa·s}$

思考题

1. 如何从流动曲线上求出零剪切黏度 η_0？讨论 η_0 与聚合物分子结构的关系。

2. 测定表观黏流活化能 ΔE_η 有何实际意义？

参考文献

[1] [美]尼尔生 L E.聚合物流变学. 范庆荣，宋家琪，译. 北京：科学出版社，1983.

[2] 韩 C D.聚合物加工流变学. 徐僖，吴大诚，等译. 北京：科学出版社，1985.

[3] 冯开才，李谷，符若文，等. 高分子物理实验. 北京：化学工业出版社，2004.

第五单元

聚合物的力学性能

实验二十二　聚合物材料拉伸应力-应变曲线的测定及银纹现象

一、实验目的

1. 了解聚合物材料拉伸强度、拉伸弹性模量及断裂伸长率的意义，掌握它们的测试技术；通过测试应力-应变曲线来判断不同聚合物材料的力学性能。

2. 观察拉伸过程的银纹现象，了解其基本特征。

二、实验原理

聚合物材料力学性能的差异，除了直接与结构因素，例如化学组成、分子量及分布、支化和交联、结晶、共聚、取向和添加剂等有关，也与材料使用的温度、外力作用的时间或频率有关。了解和掌握聚合物力学性能的一般规律和特点及其与材料微观各层次结构之间的关系，可以指导我们恰当地选择、合理地使用高分子，有效地设计及正确地控制加工条件以制备具有特定性能的聚合物新材料。

聚合物材料的力学性能，通常用等速施力下所获得的应力-应变曲线来进行描述。这里，所谓应力是指拉伸力引起的在试样内部单位截面上产生的内力；而应变是指试样在外力作用下发生形变时，相对其原尺寸的相对形变量。塑料材料拉伸性能测试标准有 ISO 标准、ASTM 标准和中国国家标准。现行的塑料材料拉伸性能国标是 GB/T 1040.1—2018、GB/T 1040.2—2022，相对应的 ISO 国际标准：ISO 527-1：2019、ISO 527-2：2012。

在恒定的试验温度、湿度和试验速度下，在标准试样上沿轴向施加拉伸力，直到试样被拉断，不同种类聚合物有不同的应力-应变曲线。玻璃态聚合物拉伸时典型的应力-应变曲线如图 22-1 所示。曲线分为 5 个阶段。

（1）弹性形变　a 点为弹性极限，在 a 点之前应力-应变服从虎克定律：$\sigma = E\varepsilon$。曲线的斜率 E 称为弹性（杨氏）模量，它反映材料的硬性。σ_a 为弹性（比例）极限强度，ε_t 为弹性极限伸长。这一阶段的普弹性行为主要是

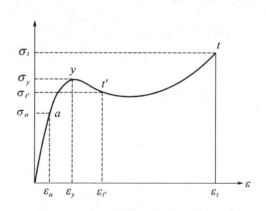

图 22-1　无定形高分子的应力-应变曲线

由于高分子的键长、键角变化引起的。

(2) 屈服　应力在 y 点达到极大值，这一点叫屈服点，对应的 σ_y 和 ε_y 称屈服强度和屈服伸长。

(3) 强迫高弹形变　y 点后随拉伸进行应力反而降低，此时，聚合物发生强迫高弹形变，本来被冻结的链段在大的外力帮助下开始运动，高分子链的伸展使材料发生大形变。

(4) 应变硬化　继续拉伸时，由于分子链取向排列，使硬度提高，聚合物需要更大的力才能形变。

(5) 断裂　材料屈服后，可在 t 点处，也可在 t' 点处断裂。因而视情况，材料断裂强度可大于或小于屈服强度。当断裂时的应力大于屈服应力时，断裂应力 σ_t 即是拉伸强度，断裂时的应变 ε_t 又称为断裂伸长率。断裂时整条应力-应变曲线所包围的面积 S 相当于断裂能。

因而，从应力-应变曲线上可以得到以下重要力学指标，E 越大，说明材料越硬，相反则越软；σ_t 或 σ_y 越大，说明材料越强，相反则越弱；ε_t 或 S 越大，说明材料越韧，相反则越脆。

结晶型聚合物的应力-应变曲线如图 22-2 所示，除了 E 和 σ_t 都较大外，其主要特点是细颈化和冷拉。微晶在 c 点以后将出现取向或熔解，然后沿力场方向进行重排或重结晶，同时也是材料"屈服"的反映。从宏观上看，材料在 c 点将出现细颈，所谓"细颈化"是指试样在一处或几处薄弱环节首先变细，其截面比试样其他部分的截面明显缩小，而外力在拉伸期间几乎保持不变。此后细颈部分不断扩展，非细颈部分逐渐缩短，直至整个试样变细为止。

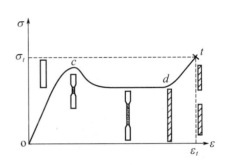

图 22-2　晶态聚合物拉伸时的应力-应变曲线

这一阶段应力不变，应变可达 500% 以上。由于是在较低温度下出现的不均匀拉伸，所以又称为"冷拉"。超过屈服点的冷拉伸，说明存在应变硬化过程，此时，分子链取向引起模量和拉伸强度提高，否则在发生"细颈化"时，材料不需要拉伸也会破坏。结晶高分子的应变硬化，部分原因可能是由应变诱发的再结晶所造成。冷拉伸后的高分子材料进一步伸长，应力一般都急剧增大，至 t 点时，材料就断裂。

对于结晶型聚合物，当结晶度非常高时，会出现聚合物脆性断裂的特征。总之，当聚合物的结晶度增加时，模量将增加，屈服强度和断裂强度也增加，但屈服形变和断裂形变却减小。

聚合物晶相的形态和尺寸对材料的性能影响也很大。同样的结晶度，如果晶相是由很大的球晶组成，则材料表现出低强度、高脆性倾向。如果晶相是由很多的微晶组成，则材料的性能有相反的特征。

另外，聚合物分子链间的化学交联对材料的力学性能也有很大的影响，这是因为有化学交联时，聚合物分子链之间不可能发生滑移，黏流态消失。当交联密度增加时，对于 T_g 以上的橡胶态聚合物来说，其拉伸强度增加，模量增加，断裂伸长率下降。交联度很高时，聚合物成为三维网状链的刚硬结构。因此，只有在适当的交联度时拉伸强度才有最大值。

综上所述，材料的组成、化学结构及聚态结构都会对应力与应变产生影响。此外，应力-应变实验所得的数据也与温度、湿度、拉伸速度有关，因此，拉伸性能测试时应规定一定的测试条件。

归纳各种不同类聚合物的应力-应变曲线，主要有以下 5 种类型，如图 22-3 所示。

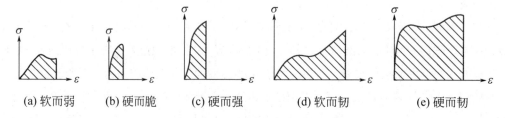

(a) 软而弱　　(b) 硬而脆　　(c) 硬而强　　(d) 软而韧　　(e) 硬而韧

图 22-3　5 种类型聚合物的应力-应变曲线

三、实验仪器及样品

1. 仪器

电子万能试验机，如图 22-4 所示。可选择的试验类型有拉伸、压缩、弯曲、剪切等。拉伸夹具及样条如图 22-5 所示。

图 22-4　电子万能试验机

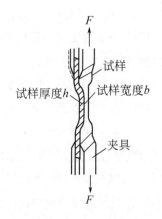

图 22-5　拉伸夹具及样条

2. 试样制备

选用 PP 或 PE 塑料粒子，拉伸实验所用的试样可按国家标准 GB/T 1040.1—2018 熔融注射加工成不同形状和尺寸。每组试样应不少于 5 个。试验前，需对试样的外观进行检查，试样应表面平整，无气泡、裂纹、分层和机械损伤等缺陷。另外，为了减小环境对试样性能的影响，应在测试前将试样在测试环境中放置一定时间，使试样与测试环境达到平衡。一般试样越厚，放置时间应越长，具体按国家标准规定。

取合格的拉伸试样进行编号，在试样中部量取 2.5cm 为有效段，做好记号。在有效段均匀取 3 点，测量试样的宽度和厚度，取算术平均值。对于压制、压注、层压板及其他板材测量精确到 0.02mm；软片测量精确到 0.01mm；薄膜测量精确到 0.001mm。

四、实验步骤

1. 接通试验机电源，预热 30min。安装拉伸实验夹具。为了仪器的安全，测试前应根据试样的拉伸范围，移动横梁上下限位模块到合适的位置。

2. 双击 PowerTest 图标，选择力传感器，单击联机按钮，进入测试界面。在"试验部分"的下拉菜单中选择"编辑试验方案"，进入试验方案编辑窗口，如图 22-6 所示。首先设置基本参数。选择试验方案及标准、试验方向、变形传感器、试样形状。勾选试验结束参数。对于拉伸强度测试，通常选择"定力"和"定力衰减率"为试验结束条件。测试弹性模量时，则选择"定力"和"定变形"为试验结束条件。

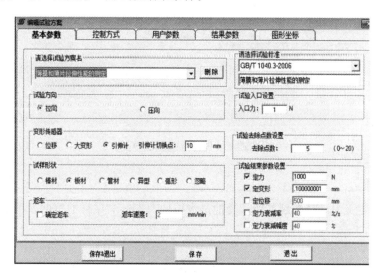

图 22-6　编辑拉伸性能试验方案窗口

3. 根据所测试样设置控制方式。拉伸速度应为使试样能在 0.5～5min 试验时间内断裂的最低速度。本实验试样为 PP 或 PE 薄片，可采用 50～100mm/min 的拉伸速度。测试拉伸弹性模量时的拉伸速度通常为 1mm/min。

4. 依次设置好用户参数、结果参数、图形坐标后，单击保存，退出试验方案编辑界面。进入测试界面，如图 22-7 所示。

5. 将试样的尺寸参数依次输入测试界面。开始测试时，注意将鼠标光标置于第一根试样处。

6. 将第一根试样在上下夹具上夹牢。拉伸试样的安装应注意上下垂直在同一平面上，防止实验过程中试样性能受到额外剪切力的影响。

7. 在试样的有效段安装大变形传感器。

8. 将测试界面的力、变形等窗口清零，开始测试。观察拉伸过程中试样的银纹现象。

9. 试样断裂后，重复 5～8 操作，测量下一个试样。

10. 取得 5 次有效的测量结果后，结束实验。先将大变形传感器固定，然后关闭电脑和试验机电源开关。回收实验产生的废弃样条。

11. 尝试采用 20mm/min 的拉伸速率测试 PP 的拉伸性能，分析比较不同拉伸速率下 PP 的拉伸性能。

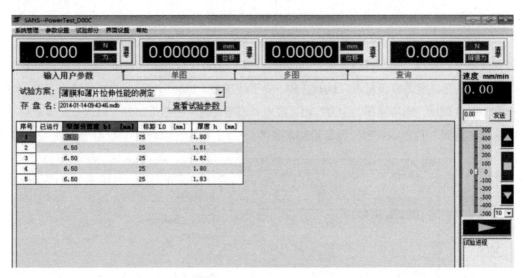

图 22-7　拉伸性能测试界面

五、数据处理

拉伸强度定义为试样断裂前所承受的最大拉伸力 F_{max} 与试样的宽度 b 和厚度 h 的乘积的比值。

$$\sigma_t = \frac{F_{max}}{bh}$$

拉伸试验得到的另一个参数是断裂伸长率，定义为试样断裂时拉伸方向的长度增量 Δl_t 与材料起始长度的百分比。

$$\varepsilon_t = \frac{\Delta l_t}{l_0} \times 100\%$$

由于整个拉伸过程中，高分子的应力和应变的关系并不是线性的，只有在小形变时才服从虎克定律，因此通常由拉伸起始阶段的应力-应变曲线斜率来计算弹性模量（即杨氏模量）。如果拉伸力为 ΔF 时拉伸方向上的长度增量为 Δl，则

$$E = \frac{\Delta F/bh}{\Delta l/l_0} = \frac{\sigma_2 - \sigma_1}{\varepsilon_2 - \varepsilon_1}$$

应力 σ_2 和 σ_1 的差值与对应的应变 ε_2 和 ε_1（$\varepsilon_2 = 0.0025$；$\varepsilon_1 = 0.0005$）的差值之比即为弹性模量。

算术平均值、标准偏差和离散系数

算术平均值 $X = \sum X_i / n$

$$标准偏差\ S = \sqrt{\dfrac{1}{n-1}\sum\left(X_i - X\right)^2}$$

离散系数 $C_v = S/X$

其中，X_i 为每个试样的测试值；n 为试样数。

思考题

1. 如何根据聚合物材料的应力-应变曲线来判断材料的性能？
2. 分析试样拉伸过程出现银纹现象的原因？
3. 在本实验中测得的弹性模量与拉伸速率为 1mm/min 时测定的结果有可比性吗？

参考文献

[1] [美]尼尔生 L E.高分子和复合材料的力学性能. 丁佳鼎，译. 北京：轻工业出版社，1981.
[2] 冯开才，李谷，符若文，等. 高分子物理实验. 北京：化学工业出版社，2004.
[3] 张丽娜，薛奇，莫志深，等. 高分子物理近代研究方法. 武汉：武汉大学出版社，2003.
[4] 塑料 拉伸性能的测定 第 1 部分：总则：GB/T 1040.1—2018.
[5] 塑料 拉伸性能的测定 第 2 部分：模塑和挤塑塑料的试验条件：GB/T 1040.2—2022.

实验二十三　聚合物材料弯曲性能的测定

一、实验目的

1. 了解聚合物材料弯曲强度及弯曲模量的意义和测试方法。
2. 掌握用电子拉力机测试聚合物材料弯曲性能的实验技术。

二、实验原理

弯曲是试样在弯曲应力作用下的形变行为。弯曲负载所产生的应力主要是压缩应力和拉伸应力的组合，其作用情况如图 23-1 所示。表征弯曲形变行为的指标有弯曲应力、弯曲强度、弯曲模量及挠度等。

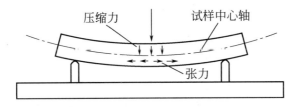

图 23-1　支架弯曲时力的分布情况

弯曲应力是材料跨度中心外表面的正应力。弯曲强度 σ_f，也称挠曲强度，是试样在弯曲负荷下破裂或达到规定挠度时能承受的最大应力。弯曲模量又称挠曲模量，是材料在弹性极限内抵抗弯曲变形的能力。挠度 δ 是指试样弯曲过程中，试样跨度中心的顶面或底面偏离原始位置的距离（mm）。弯曲应变 ε_f 是试样跨度中心外表面上单元长度的微量变化，用无量纲的比值或百分数表示。挠度和应变的关系为：$\delta = \varepsilon_f L^2 / 6h$（$L$ 为试样跨度，h 为试样厚度）。

当试样弯曲形变在屈服前产生断裂时，材料的极限弯曲强度就是弯曲强度，但是，有些聚合物在发生很大的形变时也不发生破坏或断裂，这样就不能测定其极限弯曲强度，这时，通常是以试样达到规定挠度（即试样厚度的 1.5 倍时）的应力作为弯曲强度，当跨度为试样厚度的 16 倍时，材料对应的弯曲应变为 3.5%。

弯曲性能测定常采用三点弯曲或四点弯曲两种方法，分别如图 23-2 和图 23-3 所示。三点弯曲是在一个简支梁上施加一个中心负载，横截面为矩形的试样两端被自由支撑在两个规定跨度的支座上，利用位于中间的压头来加载。四点弯曲有两个负载点，负载点的距离及各负载点与其邻近支座的距离相等，为跨度的 1/3。本试验用三点弯曲进行。现行塑料弯曲性能试验的国家标准为 GB/T9341—2008，相应的 ISO 国际标准：ISO 178：2019。

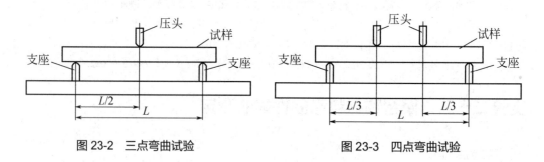

图 23-2　三点弯曲试验　　　　　图 23-3　四点弯曲试验

弯曲试验也可采用一端固定，在另一端施加载荷的方式。试样形状可采用矩形截面和圆形截面。弯曲强度和弯曲模量的计算与试样形状和形变方式有关。用不同尺寸或不同条件制备的试样进行试验，其结果不具可比性。

与拉伸试验相比，弯曲强度试验有以下优点。假如有一种用作梁的材料可能在弯曲时破坏，那么对于设计或确定技术特性来说，弯曲试验要比拉伸试验更适用；弯曲试验在小应变下，实际的形变测量十分精确；制备没有残余应变的弯曲试样是比较容易的，而拉伸试验中试样的校直就比较困难。

弯曲性能测试有以下主要影响因素。

（1）试样尺寸和加工　试样的厚度和宽度都与弯曲强度和挠度有关。试样不可扭曲，表面应相互垂直或平行，表面和棱角上应无刮痕和麻点。试样的机械加工对结果有影响。尽量采用单面加工的方法来制作试样。试验时加工面对着加载压头，使未加工面受拉伸，加工面受压缩。

（2）加载压头半径和支座表面半径　如果加载压头半径很小，对试样容易引起较大的剪切力而影响弯曲强度。支座表面半径会影响试样跨度的准确性。

（3）应变速率　弯曲强度与应变速率有关，应变速率较低时，其弯曲强度亦偏低。为了消除其影响，在试验方法中对试验速度作出统一的规定，通过控制加载速率来控制应变速率，如 GB/T 9341—2008 规定控制应变速率尽可能接近 1%/min，这一试验速率使每分钟产生的挠度近似为试样厚度值的 0.4 倍。对于长、宽、厚分别为（80±2）mm、（10.0±0.2）mm、（4.0±0.2）mm 的试样国标给定的测试速度为 2mm/min。

（4）试验跨度　当跨厚比增大时，各种材料均显示剪切力的降低，可见用增大跨厚比可以减少剪切应力，使三点弯曲试验更接近纯弯曲。

（5）温度　和其他力学性能一样，弯曲强度也与温度有关。一般地，各种材料的弯曲强度都是随着温度的升高而下降，但下降的程度各有不同。就同一种材料来说，屈服强度受温度的影响比脆性强度大。

三、实验仪器及原料

1. 仪器

电子万能试验机。

2. 原料

弯曲试验所用试样是矩形截面的棒，可从板材、片材上切割，或由模塑加工制备。一般是把试样模成所需尺寸。常用试样尺寸为：长度 80mm，宽度 10mm，厚度 4mm。每组试样应不少于 5 个。试验前，需对试样的外观进行检查，试样应表面平整，无气泡、裂纹、分层和机械损伤等缺陷。此外，在测试前应将试样在测试环境中放置一定时间，使试样与测试环境达到平衡。

取合格的试样进行编号，在试样中间的 1/3 跨度内任意三点测量试样的宽度和厚度，取算术平均值。试样尺寸小于或等于 10mm 的，精确到 0.02mm；大于 10mm 的，精确到 0.05mm。

四、实验步骤

1. 接通试验机电源，预热 15min。

2. 安装三点弯曲支座，调整跨度 L 及加载压头位置，准确至 0.5%。加载压头位于支座中间。跨度 L 可按试样厚度 h 换算而得：$L=（16±1）h$。对于 4mm 厚的试样，跨度通常选定为 64mm。在试样跨度中心下方安装感应探头，测量试验过程的挠度。

3. 打开电脑，进入应用程序。编辑试验方案，如图 23-4 所示。选择试验标准、试验方向和试验速率等。弯曲强度的测试速率通常为 1～3mm/min（使试样应变速率接近 1%/min）。本实验试样为 PP 样条，采用 10mm/min 的速率。弯曲模量的测试速率通常为 1mm/min。勾选定力和定位移为试验结束条件。

4. 将样品放置在样品支座上，按下降键将压头调整至刚好与试样接触。

5. 在电脑的测试界面上将力和位移等清零后，按开始按钮。此时电脑自动显示应力-变形曲线。

6. 试样断裂后，待压头回复，试验自动停止（如不能自动停止，则按下停止键）。

7. 重复 4～6 操作测量下一个试样。

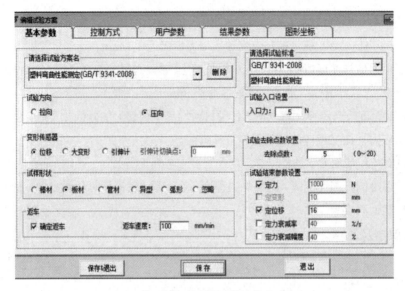

图 23-4　弯曲试验编辑试验方案窗口

五、数据处理

1. 弯曲强度

若实验过程中的最大载荷为 $F_{\max}$（N），按下式可计算三点弯曲强度

$$\sigma_{\mathrm{f}}=\frac{F_{\max}}{2}\times\frac{L/2}{bh^{2}/6}=1.5\frac{F_{\max}L}{bh^{2}}\quad(\text{MPa})$$

式中，$F_{\max}$ 为载荷，N；L 为跨度，mm；b 为试样宽度，mm；h 为试样的厚度 mm。

2. 弯曲模量

先根据给定的弯曲应变 ε_{1} 为 0.0005 和 ε_{2} 为 0.0025，计算相应的挠度 δ_{1} 和 δ_{2}，然后读取 δ_{1} 和 δ_{2} 时所对应的弯曲应力 σ_{1} 和 σ_{2}，根据公式 $E_{\mathrm{f}}=(\sigma_{2}-\sigma_{1})/(\varepsilon_{2}-\varepsilon_{1})$ 计算弯曲模量。

3. 算术平均值、标准偏差和离散系数

算术平均值　$X=\sum\dfrac{X_{i}}{n}$

标准偏差　$S=\sqrt{\dfrac{1}{n-1}\sum\left(X_{i}-X\right)^{2}}$

离散系数　$C_{\mathrm{v}}=\dfrac{S}{X}$

式中，X_{i} 为每个试样的测试值；n 为试样数。

 思考题

1. 试样的尺寸对测试结果有何影响？

2. 三点弯曲与四点弯曲试验对材料的破坏有什么不同？

参考文献

[1] [美]维苏·珊. 塑料测试技术手册. 徐定宇，王豪忠，译. 北京：中国石化出版社，1991.

[2] 冯开才，李谷，符若文，等. 高分子物理实验. 北京：化学工业出版社，2004.

[3] 塑料 弯曲性能的测定：GB/T 9341—2008.

实验二十四　聚合物材料冲击性能的测定

一、实验目的

1. 了解聚合物材料的冲击性能。

2. 掌握冲击强度的测试方法和摆锤式冲击试验机的使用。

二、实验原理

聚合物材料在受到高速外力作用时，表现出不同的破坏特征和冲击强度。冲击强度是衡量材料韧性的一种强度指标，表征材料抵抗冲击载荷破坏的能力。通常定义为试样受冲击载荷而折断时单位面积所吸收的能量，即

$$a_k = \frac{A}{bd}$$

式中，a_k 为冲击强度，J/cm^2；A 为冲断试样所消耗的功；b 为试样宽度；d 为试样厚度。

冲击破坏过程可分为三个阶段：一是裂纹引发阶段，二是裂纹扩展阶段，三是断裂阶段。冲击过程的能量消耗主要包括：使试样发生弹性形变和塑性形变所需能量；使试样产生裂纹和裂纹增长所需能量；使试样断裂后飞出所需能量；摆锤和支架轴、摆锤刀口和试样相互摩擦损失的能量；摆锤运动时，试验机固有的能量损失，如空气阻尼、指针回转的摩擦和机械振动等。

冲击强度的测试方法很多，应用较广的有以下 3 种测试方法：①摆锤式冲击试验；②落球法冲击试验；③高速拉伸试验。本实验采用摆锤式冲击试验法。

摆锤式冲击试验是将标准试样放在冲击机规定的位置上，通过重锤摆动冲击标准试样，测量摆锤冲断试样所消耗的功。根据试样的安放方式，摆锤式冲击试验又分为简支梁型（charpy 法）和悬臂梁型（izod 法）。前者试样两端支撑，摆锤冲击试样中部，后者试样一端固定，摆锤冲击自由端，如图 24-1 所示。试验分为缺口和无缺口两种。缺口试样受冲击时断裂发生在应力较集中的缺口处，可提高试验的准确性。

各种冲击试验所得结果可能不一致。试样的几何形状和尺寸、刻痕的深度和锐度、环境因素及加载频率等都将对冲击强度产生影响。

测定时的温度对冲击强度有很大影响。温度越高，分子链运动的松弛过程进行越快，冲击强度越高。相反，当温度低于脆化温度时，几乎所有的塑料都会失去抗冲击的能力。当然，结构不同的各种聚合物，其冲击强度对温度的依赖性也各不相同。

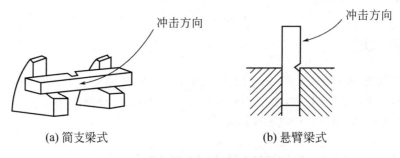

图 24-1　摆锤式冲击试验中试样放置方法

　　湿度对有些塑料的冲击强度产生很大影响。尼龙-6、尼龙-66 等塑料在湿度较大时，其韧性大大增加，这是因为水分在尼龙中起着增塑剂和润滑剂的作用。

　　试样尺寸、缺口大小和形状对冲击强度也有影响。用同一种配方、同一成型条件而厚度不同的塑料作冲击试验时，会发现不同厚度的试样在同一跨度时作冲击试验，以及相同厚度在不同跨度时试验，其所得的冲击强度均不相同，且都不能进行比较和换算。而只有用相同厚度的试样在同一跨度简支梁上试验，其结果才能相互比较，因此在标准试验方法中规定了材料的厚度和跨度。缺口半径越小，即缺口越尖锐，则应力越易集中，冲击强度就越低。因此，同一种试样，加工的缺口尺寸和形状不同，所测得冲击强度数据也不一样。这在比较强度数据时应该注意。

　　近年来，通过数字化冲击试验机可以得到聚合物断裂过程的冲击曲线。冲击曲线可以描述聚合物受冲击作用时，冲击负荷随时间或位移发生的变化，如图 24-2 所示。冲击曲线中的受力峰都包含了试样断裂过程的信息，由冲击起始能和扩展能可以描述试样断裂过程中的裂纹产生、扩展直至试样断裂情况。对于具有多重受力峰的材料，如图 24-3 所示，通常认为冲击曲线中初始峰与裂纹的形成及材料的性能和结构紧密相关，后面的受力峰为摆锤与试样相互作用的峰，与材料抵抗裂纹的继续扩展有关。

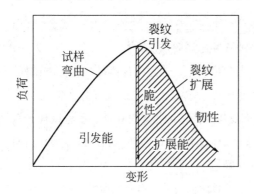

图 24-2　冲击实验中材料受力与挠曲关系曲线

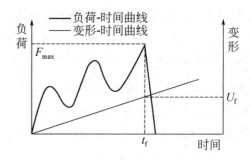

图 24-3　多重受力峰的冲击负荷-时间曲线

三、实验仪器及样品

1. 仪器

　　摆锤式冲击试验机。

2. 试样

聚丙烯，选择加工温度200～220℃，利用注塑机制备冲击样条。试样表面应平整、无气泡、裂纹、分层和明显杂质。缺口试样的缺口处应无毛刺。试样尺寸：长度 l 为 （80±2） mm；宽度 b 为 （4±0.2） mm，厚度 d 为 （10±0.5） mm，缺口剩余厚度 d_x 为 0.8$d$mm。A 型缺口试样的形状和尺寸如图24-4所示。塑料悬臂梁冲击试验按照国家标准 GB/T 1843—2008 或 ISO 180：2023 执行。塑料简支梁冲击试验按照 GB/T 1043.2—2018 或 ISO 179-2：2020 执行。测试前按标准要求对试样预处理。

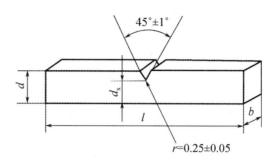

图 24-4　A 型缺口试样

l—试样长度；d—试样厚度；r—缺口底部半径；
b—试样宽度；d_x—缺口剩余厚度

四、实验步骤

1. 选择及安装冲击摆。根据试样的冲击韧性，选择适当能量的冲击摆，使断裂所吸收能量在冲击摆总能量的 10%～90% 以内。若符合这一能量范围的不止一个摆锤时，应该选用最大能量的摆锤。

更新或安装冲击摆时，先将冲击摆上连接套的紧固螺钉松开，取下冲击摆将其全部零件放入附件箱中，再将所选用冲击摆上连接套内的定位轴插入摆轴上的定位孔，然后压上压盖，并使其与连接套对齐，同时锁紧上连接套上紧固螺钉。

2. 安装试样支座。①简支梁试样支座。将支座平放在机体平台上，用紧固螺钉固定，根据试样尺寸，调整钳口跨距，将对中样板平行放在两钳口平面上，对中样板的两侧与支承刀刃相接触，使冲击摆的冲击刀刃对准对中样板的 V 形缺口，调整完毕后，拧紧钳口螺钉。②悬臂梁试样支座。根据试样类型选择固定钳口，紧固在钳口座上。将钳口座放置在机休平台上，定好位，用紧固螺钉将试样支座紧固在机台上，如图24-5所示。

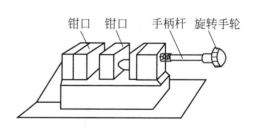

图 24-5　悬臂梁试样支座

3. 开机。插接上主机电源（50Hz，220V 电源），按下仪器背面的电源开关使系统通电，电源指示灯亮，约 2s 后液晶显示屏进入调试界面。

4. 初始角度清零。调试界面下，摆锤自由下垂，处于静止状态，且无任何动作执行的前提下，按【F4】清零按钮将摆锤初始角度值变为零。（测试开始前，进行一次即可）

5. 测量试样中部的宽度和厚度，准确至 0.02mm。测量三点取其平均值。缺口试样应测量缺口处的剩余厚度，测量时应在缺口两端各测一次，取其平均值。

6. 设置参数。按下【F1】键进入设置界面。在设置界面中设置试样参数。（摆锤能量为 1J，悬臂梁或简支梁法，编辑试样规格：试样厚度及宽度的实测值，缺口深度 2mm，当完成数据编辑，按下【OK】键才能保存数据并退出数据编辑状态）

7. 在试验界面，检查回零误差（此值经校正后应不大于 0.02J）。按下【F2】键切换至试验界面。在支座上不放试样的情况下，取摆（用右手将摆锤逆时针扬到底，使摆杆上的挂钩被抓钩很牢靠地挂住）。此时显示的角度即为此摆锤的预扬角。脱摆，摆锤顺时针落下打击试样位，此时吸收功一项显示的值即为当次的空摆回零误差。（测试开始前，进行一次即可）

8. 放置试样。取摆，将试样按照规定放置。简支梁法测试时，试样水平放置在支座上，支撑面紧贴支座，缺口面背向摆锤，试样中心或缺口位置与摆锤刀刃对准。悬臂梁法测试时，首先旋转手轮松开悬臂梁钳口将试样插入钳口中。使用悬臂梁试样对中样板将试样对中后转动手轮使试样夹紧，应保证每次装夹试样时，试样所受的夹持力相同。缺口试样的缺口应在摆锤冲击刀刃的一侧。

9. 平稳释放摆锤，完成一次冲击试验，读取冲断试样所消耗的功。

10. 继续测试，依次输入样品规格，重复 8～9 步的操作。试样若不破裂、破裂在试样两端三分之一处或者缺口试样不破裂在缺口处，所得到的数据作废，需重做。

五、数据处理

1. 计算冲击强度。

无缺口冲击强度 $a_k = \dfrac{A}{bd}$　　（kJ/m²）

缺口冲击强度 $a_k = \dfrac{A}{bd_x}$　　（kJ/m²）

2. 计算所测冲击强度值的算术平均值、标准偏差和离散系数。

算术平均值 $X = \sum \dfrac{X_i}{n}$

标准偏差 $S = \sqrt{\dfrac{1}{n-1} \sum (X_i - X)^2}$

离散系数 $C_v = \dfrac{S}{X}$

式中，X_i 为每个试样的测试值；n 为试样数。

 思考题

1. 如何用冲击曲线分析试样的韧性、抗断裂能力等性能？

2. 为什么注射成型的试样比模压成型的试样冲击测试结果往往偏高？

3. 为什么聚合物材料的缺口冲击强度往往小于无缺口冲击强度？通过什么方法可以提高聚合物材料的缺口冲击强度？

参考文献

[1] 北京大学化学系高分子化学教研室. 高分子物理实验. 北京：北京大学出版社，1983.

[2] 邵毓芳，嵇根定. 高分子物理实验. 南京：南京大学出版社，1998.

[3] 冯开才，李谷，符若文，等. 高分子物理实验，北京：化学工业出版社，2004.

[4] Sahraoui S，Mahi E A，Castagnède B.Polymer Testing，2009，28（7）：780-783.

[5] 塑料　悬臂梁冲击强度的测定：GB/T1843—2008.

[6] 塑料　简支梁冲击性能的测定　第2部分：仪器化冲击试验：GB/T1043.2—2018.

实验二十五　聚合物材料表面硬度的测定

一、实验目的

1. 了解材料硬度的基本概念。

2. 熟悉邵氏硬度计的原理。

3. 掌握邵氏硬度计测试聚合物材料表面硬度的方法。

二、基本原理

硬度是材料表面抵抗硬物压入或刻划而产生塑性形变的能力。是比较材料软硬的一种指标。测定材料硬度的方法主要有压入法和刻划法。刻划法是用适当的力将被测材料在一根由一端硬渐变到另一端软的金属棒上划过，根据棒上出现划痕的位置确定被测材料的硬度。以十种矿物的划痕硬度作为标准[金刚石（10）、刚玉（9）、黄玉（8）、石英（7）、长石（6）、磷灰石（5）、萤石（4）、方解石（3）、石膏（2）、滑石（1）]，测出的硬度称为莫氏硬度。压入硬度是在一定的压力作用下将特定压头压入材料，根据材料表面局部塑性变形的程度来表征材料相对软硬的方法，材料越硬，变形越小。按照压力条件及压头形状和参数的不同，主要的压入硬度有布氏硬度（压头为钢球）、洛氏硬度（压头为金刚石圆锥）、维氏硬度（压头为金刚石四棱锥）、巴氏硬度（压头为钢制截头圆锥）、邵氏硬度（压头为不同规格钢针）。不同的测试方法有不同的硬度标准，因此相互不能直接换算，但可通过试验进行对比。聚合物表面硬度的测试主要采用巴氏硬度和邵氏硬度进行表征。本实验主要介绍邵氏硬度计测试高分子表面硬度的原理和实验方法。

邵氏硬度（Shore hardness）是指用邵氏硬度计测出的值的读数，它的单位是"度"。邵氏硬度计的测定原理是在特定的条件下把特定形状的压针压入试样而形成压入深度，再把压入深度转化为硬度值。常用邵氏硬度计由支架、弹簧、指示机构、压足、压针组成，本实验使用数字显示邵氏硬度计（见图25-1），

图25-1　邵氏硬度计

根据材料硬度的不同，可选择 A 型（A 标尺）、D 型（D 标尺）或 O 型（O 标尺）硬度计。不同型号邵氏硬度计的压针形状和参数见图 25-2。

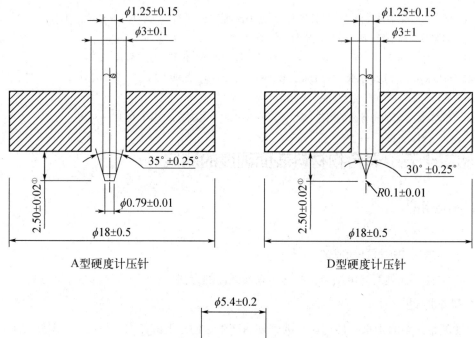

A 型硬度计压针　　　　　　D 型硬度计压针

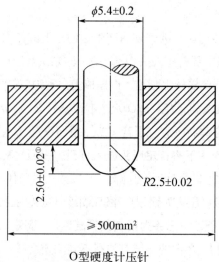

O 型硬度计压针

①压针伸出量对应硬度计读数为0。

图 25-2　邵氏硬度计压针

聚合物的硬度是其抵抗剪切或破坏能力的重要力学指标，它主要决定于聚合物的化学结构和加工过程。通常，聚合物玻璃化转变温度高，其硬度相对较高，此外，聚合物硬度还受到分子结构和分子量的影响。测试材料的邵氏硬度可为材料应用提供重要参考，也可以为改善聚合物材料的结构和加工工艺提供科学依据。

通常，对于橡胶或硬度较低的塑料（D 标尺值小于 20）可选择 A 型邵氏硬度计测定，对于硬塑料（A 标尺值高于 90）可选择 D 型邵氏硬度计测定，对于硬度更低的材料（A 标尺值小于 20）可选择 O 型邵氏硬度计测定。

三、实验仪器和样品

数字式邵氏硬度计（D 型 0-100HD），硬质 PVC、PP、PS 板（厚度大于 6mm）。

四、实验步骤

1. 单击面板上 OFF/ON 键开启硬度计，单击面板上 ZERO 键调零。

2. 把试样放置在坚固的平面上，拿住硬度计，使压针距离试样边缘至少 12mm，平稳地把压足压在式样上，使压针垂直地压入试样，当压足和试样完全接触时，15s 读数（或点击硬度计面板上的 H 保持硬度数据，方便读数），如果规定要瞬时读数，则在压足和试样完全接触后 1s 内读数。

3. 在测试点相距至少 6mm 的不同位置测量硬度值 5 次，取其平均值。

为稳定测试条件，提高测试精度，可将硬度计安装在同型号测试架上测定。

五、数据处理

1. 计算硬度平均值。

$$HD - \sum \frac{HD_i}{n}$$

2. 计算硬度值标准偏差。

$$S = \sqrt{\sum \frac{\left(HD_i - HD\right)^2}{n-1}}$$

3. 计算离散系数。

$$C_v = \frac{S}{HD}$$

式中，HD_i 为每次硬度测试值；n 为测试点数量。

思考题

1. 测试操作过程中哪些因素会影响测试结果的准确度？
2. 影响材料硬度的结构和工艺因素有哪些？

参考文献

[1] 塑料和硬橡胶 使用硬度计测定压痕硬度（邵尔硬度）：GB/T 2411—2008.

[2] 硫化橡胶或热塑性橡胶压入硬度试验方法 第 1 部分： 邵氏硬度计法（邵尔硬度）：GB/T 531.1—2008.

[3] 中华人民共和国国家标准 GB/T 3854—2017，增强塑料巴柯尔硬度试验方法.

实验二十六　聚合物薄膜撕裂性能的测定

一、实验目的

1. 了解材料撕裂的概念和撕裂强度的测定原理。
2. 了解影响材料撕裂强度测定结果的因素。
3. 掌握撕裂强度测定试样的制备方法和测定操作。

二、基本原理

聚合物薄膜现在已广泛应用于各种领域，如包装、建筑、医疗和农业等，在这些应用中，聚合物薄膜耐撕裂性能是影响其实际应用的重要指标之一。为了保证产品的质量和安全性能，需要对聚合物薄膜进行耐撕裂性能的测定。耐撕裂破坏的能力通常用撕裂强度（tearing resistance）来衡量，通常以撕裂力除以试样厚度表示。

聚合物薄膜撕裂强度受本身结构、加工工艺及测试条件的影响。特别是拉伸取向的薄膜，在拉伸取向方向撕裂强度显著减少，取向度越高，撕裂强度下降越大，相反其垂直于拉伸方向的撕裂强度会上升。试样制作时取样的方向、测试时的温度和撕裂速度等也对撕裂强度有影响，例如，撕裂速度加快时，撕裂强度减少。一般说来，只要不同材料的试样厚度相差不大于±10%，便可以比较它们的撕裂强度，但在解释实验结果时，应注意不同材料的撕裂性能随撕裂速度可能发生明显的变化。

聚合物薄膜撕裂强度测定方法可采用裤形撕裂法（参照国家标准 GB/T 16578.1—2008 规定）、直角撕裂法（参照国家标准 GB/529—2008 或 QB/T 1130—1991 规定），埃莱门多夫（Elmendor）法（参照国家标准 GB/T 16578.2—2009 规定）等方法进行，这些测定方法所对应的试样形状和尺寸及设备要求不同。本实验将使用裤形撕裂法测定聚合物薄膜的撕裂强度，其原理和测试流程如下：

将薄膜试样沿长轴方向上切缝至 1/2 处（见图 26-1），将切口所形成的两"裤腿"夹到电子万能试验机的上下夹具上进行拉伸（见图 26-2），测试沿长轴方向撕裂试样所需的平均力，就可计算聚合物薄膜的撕裂强度。

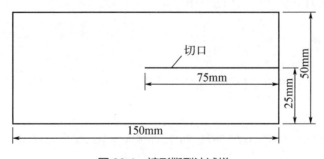

切口

75mm

50mm

25mm

150mm

图 26-1　裤形撕裂法试样

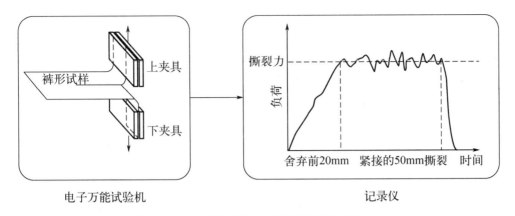

图 26-2　用电子万能试验机测定撕裂强度的方法

三、实验仪器和材料

深圳市新三思材料检测有限公司 CMT6103 微机控制电子万能试验机。PP、PET 薄膜（<1mm）。

四、实验步骤

1. 取 PP 或 PET 薄膜，按图 26-1 分别制作试样，沿拉伸方向和垂直方向每组试样不少于 5 条，试样中央的切口长度为（75±1）mm。试验前检查试样，应无缺口、损伤。取合格试样进行编号，在试样切口顶端至试样另端之间等距离的三个点上测量试样厚度，取其算术平均值。

2. 开启电子万能试验机（操作参见实验二十二），设定试验速度为：（200±20）mm/min[或（250±25）mm/min]，调整两夹具间起始距离为 75mm。

3. 将试样按图 26-2 夹在电子万能试验机上下夹具上，使试样主轴与夹具的连线中心重合。

4. 启动电子万能试验机，并记录使裂口扩展过试样未切口长度所需的负荷。若撕裂线偏离中心线到试样另一边，此试样应舍弃并另取试样重新试验。

5. 舍弃撕裂时未切口长度的前 20mm 以及最后 5mm 的负荷值，取其余 60mm 未切口长度上撕裂负荷的平均值。

6. 重复 3～5 试验步骤，测定下一个试样。

五、数据处理

1. 计算撕裂强度。

$$\sigma = \frac{F_t}{d}$$

式中，σ 为撕裂强度，kN/m；F_t 为平均撕裂力，N；d 为试样厚度，mm。

2. 计算每组试样算术平均值。

思考题

1. 影响聚合物薄膜撕裂强度的因素。
2. 撕裂强度测定方法有哪些？请讨论其具体的区别。

参考文献

[1] 塑料　薄膜和薄片　耐撕裂性能的测定　第 1 部分：裤形撕裂法：GB/T 16578.1—2008.
[2] 硫化橡胶或热塑性橡胶的撕裂强度的测定　（裤形，直角形和新月形试样）：GB/T 529—2008.
[3] 塑料直角撕裂性能试验方法：QB/T 1130—1991.
[4] 塑料　薄膜和薄片　耐撕裂性能的测定　第 2 部分：埃莱门多夫（Elmendor）法：GB/T 16578.2—2009.

实验二十七　聚合物材料的动态力学分析

一、实验目的

1. 了解聚合物黏弹特性，学会从分子运动的角度来解释高分子的动态力学行为。
2. 了解聚合物动态力学分析（dynamic mechanical analysis，DMA）原理和方法，学会使用动态力学分析仪测定多频率下聚合物动态力学温度谱。

二、基本原理

高分子具有黏性和弹性固体的特性。当高分子材料作为结构材料使用时，主要利用它们的弹性，要求材料在使用温度和频率范围内储能模量要高；当作为减震或隔声材料使用时，则利用它们的黏性，要求在使用温度和频率范围内具有较高的阻尼。当高分子材料形变时，一部分能量变成位能，一部分能量变成热而损耗。

在交变外力作用下，对样品的应变和应力关系随温度或频率等条件的变化进行分析，即为动态力学分析。动态力学分析能得到聚合物的储能模量（E'）、损耗模量（E''）和力学损耗（$\tan\delta$）等物理量，这些是决定聚合物使用特性的重要参数。同时动态力学分析对聚合物分子运动状态的反应十分灵敏，考察模量和力学损耗随温度、频率以及其他条件的变化特性可得到聚合物结构和性能的许多信息，如相结构及相转变、分子松弛过程、聚合反应动力学及阻尼特性等。

黏弹性材料在交变应力作用下，应变变化落后于应力变化一个相位角 δ，如图 27-1 所示。当应变随时间变化表示为 $\varepsilon(t)=\varepsilon_0\sin\omega t$ 时，则应力可表示为：

$$\sigma(t)=\sigma_0\sin\ (\omega t+\delta)$$

展开为：

$$\sigma(t) = \sigma_0\sin\omega t\cos\delta + \sigma_0\cos\omega t\sin\delta = \sigma_0\cos\delta\sin\omega t + \sigma_0\sin\delta\sin(\omega t+\frac{\pi}{2})$$

可见应力由两部分组成，一部分与应变同相位，幅值为 $\sigma_0\cos\delta$，用于弹性形变；另一部分与应变相差 $\pi/2$，幅值为 $\sigma_0\sin\delta$，用于克服摩擦阻力。定义储能模量 E' 为同相位的应力和应变的比值，表示材料在形变过程中由于弹性形变而储存的能量，表征的是材料的刚度。E' 与试样在每周期中储存的最大弹性能 W 成正比，即 $W = E'\varepsilon_0^2/2$；而损耗模量 E'' 为相位差 $\pi/2$ 的应力和应变的振幅的比值，表示在形变过程中以热的方式损耗的能量，表征材料的阻尼。E'' 与试样在每一周期中以热的形式消耗的能量 ΔW 成正比，即 $\Delta W = \pi\varepsilon_0^2 E''$。

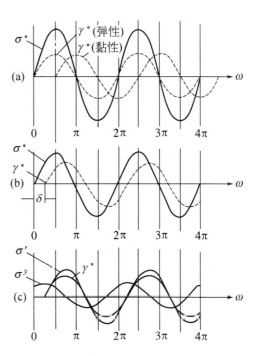

图 27-1　应力应变相位角关系

$$E' = \left(\frac{\sigma_0}{\varepsilon_0}\right)\cos\delta \qquad E'' = \left(\frac{\sigma_0}{\varepsilon_0}\right)\sin\delta$$

$$\frac{\Delta W}{W} = 2\pi\frac{E''}{E'} = 2\pi\tan\delta \qquad \tan\delta = \frac{E''}{E'}$$

式中，$\tan\delta$ 为损耗角正切，或称力学损耗。该值反映高分子的内耗，它越大意味着高分子分子链段在运动时受到的内摩擦阻力越大，链段的运动越跟不上外力的变化，即滞后严重。

高分子的动态力学性能与频率和温度有关，因而 E'、E'' 及 $\tan\delta$ 等都是温度和频率的函数。动态力学温度谱是固定频率下测定动态模量及损耗随温度变化的情况，是高分子材料研究中最常用的模式。典型非晶态高分子的 DMA 曲线如图 27-2 所示。图中显示了高分子的 3 种力学状态，即玻璃态、高弹态、黏流态。储能模量两个突变处的温度分别对应高分子的玻璃化转变温度 T_g 和黏流温度 T_f，可以由 E' 突变处的切线交点或 E'' 和 $\tan\delta$ 峰顶所对应的温度作为 T_g 或 T_f。$\tan\delta$ 曲线中 α 松弛峰对应玻璃化转变过程，反映分子链段开始运动。在玻璃态区随

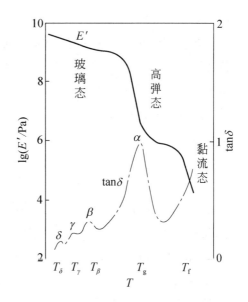

图 27-2　非晶态聚合物的动态力学温度谱

温度高低依次出现 β、γ 和 δ 三个次级转变，反映比链段更小的运动单元。

因此，对于线型无定形高分子，按温度从低到高有五种可能经常出现的转变。

① δ 转变：侧基绕着与大分子链垂直的轴运动。

② γ 转变：主链上 2～4 个碳原子的短链运动——沙兹基（Schatzki）曲轴效应。

③ β 转变：主链旁较大侧基的内旋转运动或主链上杂原子的运动。

④ α 转变：由 50～100 个主链碳原子的长链段的运动。

⑤ T_{ll} 转变：液-液转变，是高分子量的聚合物从一种液态转变为另一种液态，两种液态都是高分子整链运动，表现为膨胀系数发生拐折。

在部分结晶高分子中，除了上述五种转变外，还有以下几种与结晶有关的转变。

T_a^c 转变：结晶预溶。

T_{cc} 转变：晶型转变（一级相变），是一种晶型转变为另一种晶型。

T_m 转变：结晶熔融（一级相变）。

对于部分结晶的高分子，其每一个转变可能出现两个内耗峰。通常，在其晶区和非晶区产生的内耗峰对应的 α、β、γ 和 δ 转变下方加注下标"c"表示晶区，"a"表示非晶区。

动态力学频率谱采用的是频率扫描模式，是指在恒温、恒应力下，测量动态力学参数随频率的变化，用于研究材料力学性能的频率依赖性。从频率谱可获得各级转变的特征频率和特征松弛时间。利用时温等效原理还可以将不同温度下有限频率范围的频率谱组合成跨越几个甚至十几个数量级的频率主曲线，从而评价材料的超瞬间或超长时间的使用性能。

在不同频率下测定聚合物材料的动态力学温度谱，当频率变化 10 倍时，聚合物温度谱曲线产生 7～10℃的位移；当频率变化 1000 倍时，聚合物温度谱曲线才产生 20～30℃的位移。因此，用频率扫描模式可以更细致地观察较不明显的次级松弛转变。

动态力学时间谱，采用的是时间扫描模式，是指在恒温、恒频率下测定材料的动态力学参数随时间的变化，主要用于研究动态力学性能的时间依赖性。例如用来研究树脂-固化剂体系的等温固化反应动力学，可得到固化反应动力学参数凝胶时间、固化反应活化能等。

三、实验仪器及样品

1. 仪器

材料动态力学性质通常使用动态力学仪器来测量。DMA2980 动态力学分析仪（结构见图 27-3）。其基本原理是对材料施加周期性的力并测定其对力的各种响应，如形变、振幅、谐振波、波的传播速度、滞后角等，通过随机专业软件计算出动态模量 E'、损耗模量 E''、阻尼或力学损耗 $\tan\delta$。它采用非接触式线性驱动电机直接对样品施加应力，负荷精度达 0.0001N；以空气轴承取代传统的机械轴承，并通过光学读数器来控制轴承位移，精确度达 1nm；配置多种夹具（如三点弯曲、单悬臂、双悬臂、夹心剪切、压缩、拉伸等夹具），可进行多种测试，如应力松弛、蠕变、固定频率温度扫描（频率范围为 0.01～210Hz，温度范围为-150～600℃）、同时多频率温度扫描、TMA 等。

本实验使用单悬臂或双悬臂夹具进行试验，如图 27-4 所示。进行固定频率温度扫描，频率为 1Hz、10Hz 和 50Hz 三种频率。

2. 试样

PS 或 PMMA 长方形样条，采用注射成型的方法制备。试样尺寸要求：单悬臂样条，长

a=35～40mm；宽 b≤12mm；厚 h≤5mm；双悬臂样条，长 a=55～60mm；宽 b≤12mm；厚 h≤5mm。准确测量试样的长度、宽度和厚度，各取三点平均值记录数据。

　　DMA 测试要求试样的材质必须均匀、无气泡、无杂质、加工平整，且其尺寸要准确测量。样品厚度的不一致将影响材料的热传导，较厚的样品其内部受热缓慢，链段运动延迟，从而造成转变峰加宽。此外，高分子材料的热历史和加工条件，如退火、淬火、拉伸、压延等会引起材料性能的变化，从而使 DMA 谱图出现差异。

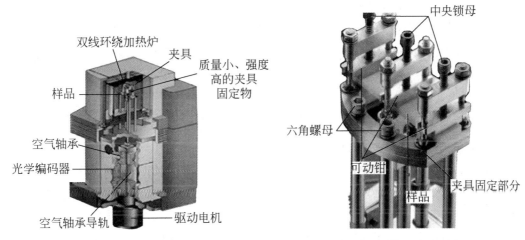

图 27-3　DMA2980 动态分析仪的剖面　　　　图 27-4　单、双悬臂夹

四、实验步骤

　　1. 仪器校正（包括仪器校正、温度校正、位标校正和夹具校正，通常只作位标和夹具校正）。将夹具（包括运动部分和固定部分）全部卸下，关上炉体，进行位标校正（position calibration），校正完成后炉体会自动打开。

　　2. 夹具的安装、校正（夹具质量校正、柔量校正），按软件菜单提示进行。

　　3. 试样的安装（试样安装时必须用扭力扳手将其锁紧在夹具上，对热塑性材料建议扭力值 0.6～0.9N·m）。

　　① 放松两个固定钳的中央锁母，按"FLOAT"键让夹具运动部分自由。

　　② 用扳手松开可动钳，将试样插入跨在固定钳上，并调正；上紧固定部位和运动部位的中央锁母的螺钉。

　　③ 按"LOCK"键以固定样品的位置。

　　④ 取出标准附件木盒内的扭力扳手，装上六角头，垂直插进中央锁母的凹口内，以顺时针用力锁紧。

　　4. 实验程序

　　① 依次打开主机"POWER"键及"HEATER"键。

　　② 打开 GCA 的电源（如果实验温度低于室温的话），通过自检，"Ready"灯亮。

　　③ 打开控制电脑，载进"Thermal Solution"，取得与 DMA 2980 的连线。

④ 指定测试模式（DMA、TMA 等五项中的一项）和夹具。

⑤ 打开 DMA 控制软件的"即时信号"（Real Time Signal）视窗，确认最下面的"Frame Temperature"与"Air Pressure"都已 OK，若接 GCA 则需显示"GCA Liquid Level: XX% full"。

⑥ 按"Furnace"键打开炉体，检视是否需安装或换装夹具。若是，依标准程序完成夹具的安装。若有新换夹具，则重新设定夹具的种类，并逐项完成夹具校正（MASS/ZERO/COMPLIANCE）。若沿用原有夹具，按"FLOAT"键，依要领检视驱动轴漂动状况，以确定处于正常。

⑦ 正确地安装好样品试样，确定位置正中没有歪斜。对于会有污染、流动、反应、黏结等顾忌的样品，需事先做好防护措施。有些样品可能需要一些辅助工具，才能有效地安装在夹具上。

⑧ 编辑测试方法，并存档。

⑨ 编辑频率表（多频扫描时）或振幅表（多变形量扫描时），并存档。

⑩ 打开"Experimental Parameters"视窗，输入样品名称、试样尺寸、操作者姓名及一些必要的注解。指定空气轴承的气体源及存档的路径与文件名，然后载入实验方法与频率表或振幅表。

⑪ 打开"Instrument Parameters"视窗，逐项设定好各个参数，如：数据取点间距（3～8s）、振幅（10～30μm）、静荷力（视不同夹具而定，拉伸建议 0.001～0.05N，三点弯曲建议 1N）、Auto-strain、起始位移归零设定等。

⑫ 按下主机面板上面的"MEASURE"键，打开即时信号视窗，观察各项信号的变化是否稳定（特别是振幅），必要时调整仪器参数的设定值（如静荷力与 Auto-Strain）以使达到稳定。

⑬ 确定有了好的开始（Pre-view）后，按"Furnace"键关闭炉体，再按"START"键，开始实验。

⑭ 在连线（ON-LINE）状态下，DMA 2980 所产生的数据会自动分次转存到电脑的硬盘中，实验结束后，完整的测试结果便存到硬盘里。

⑮ 假如实验中途不需要继续进行，可以按"STOP"键停止（数据有存档）或按"SCROLL-STOP"或"REJECT"键停止（数据不存档）实验。

⑯ 实验结束后，炉体与夹具会依据设定的"END Conditions"回复其状态，若已设定"GCA AUTO Fill"，则之后会继续进行液氮自动充填作业。

⑰ 将试样取出，若有污染则需予以清除。

⑱ 关机。步骤如下。按"STOP"键，以便储存 Position 校正值。等待 5s 后，使驱动轴真正停止。关掉"HEATER"键。关掉"POWER"键。关掉其他周边设备，如 ACA、GCA、Compressor 等。进行排水（Compressor 气压桶、空气滤清调压器、GCA）。

五、数据处理

打开数据处理软件"Thermal Analysis"，进入数据分析界面。打开需要处理的文件，应用界面上各功能键从所得曲线上获得相关的数据，包括各个选定频率和温度下的动态模量 E'、损耗模量 E'' 以及阻尼或力学损耗 $\tan\delta$，列表记录数据。分析在实验温度范围内，聚合物模量及内耗变化的趋势并说明原因。

【附】测试条件选择

（1）振动频率和振动位移的选择　动态力学温度谱测量时，通常采用 0.1～10Hz 的低频，有利于检测聚合物结构中各种小尺寸运动单元的松弛特性。当作用力频率提高时，转变温度均向高温方向移动。对试样施加的振幅则视材料的软硬程度而定，通常较硬试样的振幅要小，否则易造成过载现象，超出仪器设备的最大外力负荷；较软试样的振幅应当大些，否则造成测量结果不准确。

（2）施加力的选择　试样作周期性振动时，必须与检测器紧密贴紧。因此，对试样施加静态力的同时再施加动态力进行检测，原则上静态力要大于或等于施加的动态力，否则会造成变形过大而测不准数据。

（3）升温速率　DMA 测试中，升温速度的快慢直接影响高分子力学性能的表征。升温速度太快，转变温度偏高。DMA 测试的升温速率通常要低于 DSC 测试，精度要求较高时一般低于 3℃/min。

思考题

1. 什么叫聚合物的力学损耗？聚合物力学损耗产生的原因是什么？研究它有何重要意义？

2. 为什么聚合物在玻璃态、高弹性时内耗小，而在玻璃化转变区内耗出现峰值？

3. 试从分子运动的角度来解释 PS 或 PMMA 动态力学曲线上出现的各个转变峰的物理意义。

参考文献

[1]　[美]尼尔生 L E.高分子和复合材料的力学性能. 丁佳鼎，译. 北京：轻工业出版社，1981.

[2]　[日]穆腊亚马 T.聚合物材料的动态力学分析. 谌福特，译. 北京：轻工业出版社，1988.

[3]　冯开才，李谷，符若文，等. 高分子物理实验. 北京：化学工业出版社，2004.

[4]　符若文，李谷，冯开才. 高分子物理. 北京：化学工业出版社，2005.

[5]　钱保功，许观藩，余赋生，等. 高聚物的转变与松弛. 北京：科学出版社，1986.

[6]　殷敬华，莫志深. 现代高分子物理学：下册. 北京：科学出版社，2001.

[7]　朱芳，等. 现代化学研究技术与实践：实验篇. 北京：化学工业出版社，2011.

实验二十八　聚合物蠕变曲线的测定

一、实验目的

1. 熟悉聚合物材料蠕变性能测试原理，了解测试条件对测定结果的影响。

2. 通过对聚合物蠕变现象的观察，研究聚合物的黏弹性能并测定聚合物的本体黏度。

二、基本原理

聚合物材料具有黏弹性。聚合物的黏弹性能主要取决于它本身的结构和材料的组成，以及温度、作用力大小和作用时间的长短等因素。蠕变是静态黏弹性表现形式之一，是在一定温度和较小的恒定外力（如拉伸、压缩或切变等力）作用下，材料的形变随时间的增加而逐渐增大的现象。记录聚合物试样在一定负荷和温度下的形变和时间的关系曲线即为蠕变曲线。图 28-1 是线型高分子的蠕变曲线，t_1 是加荷时间，t_2 是释荷时间。蠕变现象直接影响材料的尺寸稳定性，材料如果很容易发生蠕变，则它的用途会受到限制，因而对这方面的研究和测定具有重要意义。拉伸蠕变测试的国家标准为 GB 11546.1—2008。

线型大分子除可以发生键长、键角的改变外，还由于单键的内旋转可以发生链段运动，并通过链段的协同运动而发生整个分子运动。从分子运动和变化的角度来看，蠕变过程包括下面 3 种形变。

（1）普弹形变（又称瞬时弹性形变）ε_1　主要产生于键长键角的变形，这种形变很有限，在施加或除去负荷时立即发生，它的形变-时间关系如图 28-2 所示。t_1 和 t_2 分别为施加和除去负荷的时间，ε_1 服从虎克定律。

$$\varepsilon_1 = \frac{1}{E_1}\sigma \tag{28-1}$$

式中，σ 为所加的应力；E_1 为弹性模量，为 $10^9 \sim 10^{11}$Pa。

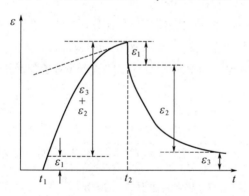

图 28-1　线型高分子的蠕变曲线

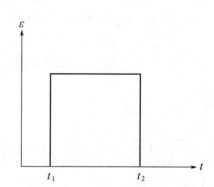

图 28-2　聚合物形变-时间关系

（2）高弹形变（又称推迟弹性形变）ε_2　ε_2 产生于链段运动，具有明显的松弛性质，要通过较长的时间才能达到形变最大值，曲线斜率随时间不断改变，其应力-应变关系为：

$$\varepsilon_2 = \frac{\sigma}{E_2}\left(1 - e^{-t/\tau}\right) \tag{28-2}$$

式中，τ 是松弛时间，它与链段的运动黏度 η_2 和高弹模量 E_2 的关系为 $\tau = \eta_2/E_2$。E_2 为 $10^5 \sim 10^{17}$Pa，达到平衡时，高弹形变是普弹形变的几万倍，式（28-2）说明形变的产生与应力的作用时间不一致，当 $t = 0$ 时，$\varepsilon_2 = 0$；$t = \infty$ 时，则达到最大的形变值 σ/E_2。

（3）塑性形变（又称黏性流动）ε_3 为不可逆形变，如果分子间没有化学交联，线型高分子间会发生相对滑移，它的形变-时间关系如图28-3所示，应力与应变关系与液体流动相似，服从牛顿流动定律：

$$\varepsilon_3 = \frac{\sigma}{\eta}t \qquad (28\text{-}3)$$

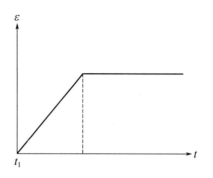

图 28-3 聚合物塑性形变-时间关系

式中，η 为聚合物的本体黏度，通常为 $10^4 \sim 10^{13}$Pa·s，依赖于温度，比小分子的黏度（$10^{-3} \sim 10$Pa·s）大得多。

聚合物的总形变为：

$$\varepsilon = \varepsilon_1 + \varepsilon_2 + \varepsilon_3 = \sigma\left[\frac{1}{E_1} + \frac{1}{E_2}\left(1 - e^{-t/\tau}\right) + \frac{t}{\eta}\right] \qquad (28\text{-}4)$$

在蠕变过程中，当时间足够长，即 $t \gg \tau$，高弹形变已充分发展，达到了平衡。因而蠕变曲线的最后直线部分可以认为是纯粹的黏流形变。从式（28-3）可知，其斜率为 σ/η，进而可以计算聚合物的本体黏度。

在玻璃化转变温度以下链段运动的松弛时间很长，分子之间的内摩擦阻力很大，主要发生普弹形变。在玻璃化转变温度以上，主要发生普弹形变和高弹形变。当温度升高到材料的黏流温度以上，这三种形变都比较显著。由于黏性流动是不能回复的，因此对于线型高分子来说，当外力除去后会留下一部分不能回复的形变，称为永久形变。

蠕变与温度高低和外力大小有关，温度过低，外力太小，蠕变很小而且很慢，在短时间内不易察觉；温度过高、外力过大，形变发展过快，也感觉不出蠕变现象；在适当的外力作用下，通常在高分子的玻璃化转变温度以上不远，链段在外力下可以运动，但运动时受到的内摩擦力又较大，只能缓慢运动，则可观察到较明显的蠕变现象。

三、实验仪器及样品

仪器：动态力学分析仪，拉伸夹具。拉伸蠕变实验原理如图28-4所示。

样品：聚氯乙烯膜（PVC）。

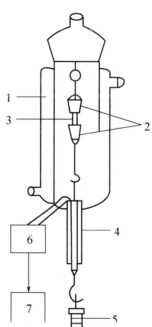

图 28-4 拉伸蠕变实验原理

1—恒温系统；2—试样夹具；

3—试样；4—差动变压器；

5—砝码；6—微位移测量系统；

7—记录系统

四、实验步骤

1. 试样制备

将聚氯乙烯粉料和不同份数增塑剂通过加工成型制备薄膜试样，截取边缘平整、厚度均匀的 PVC 膜，薄膜厚为 0.5～2.0mm，宽 3～6mm，长 20～30mm。

2. 蠕变及回复测试

① 接通 DMA 电源，开启电脑和动态力学分析仪主机，预热 10min。

② 双击电脑屏幕上的 Instrument/control 快捷键图标，进入测试界面。实验之前进行力、位标和夹具三项校正。

③ 输入样品尺寸，设定静态试验模式和实验条件，如预加力、温度、平衡时间、蠕变时间及回复时间等。

④ 安装好试样，开始测试。

⑤ 试验结束后，卸下全部的夹具及样品，并关闭软件和计算机，关闭 DMA 电源。

五、实验结果及分析

① 动态力学分析仪自动处理数据并打印出谱图。分析聚合物组成、所受应力及环境温度对其蠕变性能的影响。

② 从形变-时间曲线中直线部分的斜率及施加的应力求出本体黏度（Pa·s）。

思考题

1. 形变到达恒稳流动后，蠕变曲线在不同形变值下除去负荷会发生怎样的变化呢？

2. 试分析交联的网状结构聚合物的蠕变曲线特征。

参考文献

[1] [美]托博尔斯基 A V，马克 H F.聚合物科学与材料.《聚合物科学与材料》翻译组译. 北京：科学出版社，1977.

[2] [英]沃德 I W.固体高聚物的力学性能.2 版. 徐懋，漆宗能，译. 北京：科学出版社，1988.

[3] 许凤和. 高分子材料力学试验. 北京：科学出版社，1987：230.

[4] 冯开才，李谷，符若文，等. 高分子物理实验，北京：化学工业出版社，2004.

实验二十九　聚合物应力松弛曲线的测定

一、实验目的

1. 了解聚合物的应力松弛现象，掌握使用应力松弛仪测定聚合物拉伸应力松弛曲线的方法。

2. 理解松弛时间 τ 和应力半衰期的概念，并通过应力松弛曲线计算松弛时间。

二、基本原理

应力松弛是在恒温、恒应变的情况下，应力随时间的增加而逐渐衰减的现象[图 29-1（a）]。了解聚合物的这种力学松弛特性，对于研究材料的结构与性能的关系以及在实际生产中，稳定产品质量都很有意义。聚合物在加工过程中，总是在一定力（如挤压、延伸等）作用下，而使分子取向，并固化成型为制品。制品从模具出来后，其内部或多或少地冻结应力。这样，由于应力松弛，制品在放置过程

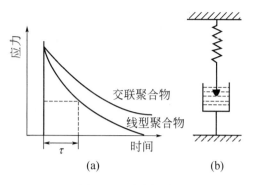

图 29-1　应力松弛

中，不能固定其形状，就会慢慢地变形甚至开裂。因此，为了消除内应力，常采用热处理或"退火"的办法，以达到稳定制品形状的目的。所谓"退火"就是维持固定形状而让其完成应力松弛。在纤维生产中，拉伸定型的热处理，能加速应力松弛过程，消除内应力，防止使用时收缩，并使纤维具有一定的弹性。

聚合物的应力松弛，其根源在于聚合物的黏弹性质。线型高分子在外力作用下可以发生三种不同的运动单元的运动。其松弛时间为键长、键角运动小于链段运动，链段运动小于整个大分子链的运动。处于玻璃态的聚合物，由于后两种运动难以发生，故松弛现象不明显。处于高弹态的聚合物，由于链段可以运动，在长时间力的作用下，能通过链段运动达到整个大分子链的运动，因而松弛现象明显。当一个聚合物试样迅速被拉伸并固定总伸长时，总的形变包括普弹形变和高弹形变，分子间的相对位移来不及发生。当形变固定时，试样仍处在受应力状态。随着时间的延长，柔性链分子因热运动而沿力作用的方向逐渐舒展和移动，消除了弹性形变产生的内应力，因而应力相应减少。随着时间继续延长，链段热运动使分子链具有回复到无规卷曲的最概然状态的趋向，继续消除了高弹形变产生的内应力。经过足够长的时间，大分子间发生相对位移，即解缠结。同时，热运动使大分子慢慢地转入另一种无规卷曲的平衡状态，即重卷曲，使所固定的形变成为不可逆的形变。这样最终就消除了两种弹性形变的内应力。也就是说，当时间足够长时，应力衰减最后达到零。但是，如果聚合物存在交联键，因交联键防止了大分子解缠结和重卷曲的移动，因而不可能产生不可逆的塑性形变。所以，交联聚合物的应力松弛，最终只能是应力衰减到一定值后维持不变。

聚合物的应力松弛行为，可用 Maxwell 模型来描述，如图 29-1（b）所示，它是由一个黏壶和一个弹簧串联而成。如果瞬间加一个外力，则弹簧将产生一定伸长值，随着时间延长，黏壶将发生塑性流动。由于总的伸长固定不变，则黏壶的形变抵消了弹簧的收缩形变。所以为保持固定伸长所需的外力随时间延长而变小。在这个模型中

$$\sigma = \sigma_{弹} = \sigma_{黏} \quad \varepsilon = \varepsilon_{弹} + \varepsilon_{黏} = 常数$$

聚合物的黏性形变服从下式

$$\sigma = \eta \frac{d\varepsilon_{黏}}{dt} \tag{29-1}$$

聚合物的弹性形变服从下式

$$\sigma = E\varepsilon_{弹} \tag{29-2}$$

式（29-2）对时间微分得到 Maxwell 方程

$$\frac{d\varepsilon_{弹}}{dt} = \frac{1}{E} \times \frac{d\sigma}{dt} - \frac{\sigma}{E^2} \times \frac{dE}{dt} \tag{29-3}$$

假定 E 和 η 不随时间而变，则 $\dfrac{dE}{dt} = 0$，得

$$\frac{d\varepsilon_{弹}}{dt} = \frac{1}{E} \times \frac{d\sigma}{dt} \tag{29-4}$$

从式（29-1）、式（29-2）得

$$\frac{d\varepsilon_{黏}}{dt} + \frac{d\varepsilon_{弹}}{dt} = \frac{d\varepsilon}{dt} = 0 \tag{29-5}$$

即

$$\frac{\sigma}{\eta} + \frac{1}{E} \times \frac{d\sigma}{dt} = 0 \tag{29-6}$$

改写式（29-6）得

$$\frac{d\sigma}{\sigma} = -\frac{E}{\eta}dt = -\frac{1}{\tau}dt \tag{29-7}$$

式中，τ 为松弛时间，即 $\tau = \eta/E$，E 为弹性模量。

积分式（29-7），设初始的应变为 ε_0，对应的初应力为 σ_0，即 $t = 0$ 时，$\sigma = \sigma_0$，时间为 t 时，应力为 σ，则得

$$\sigma = \sigma_0 e^{-t/\tau} \tag{29-8}$$

当 $t = \tau$ 时，则应力 σ_τ 为

$$\sigma_\tau = \sigma_0 e^{-1} = 0.37\sigma_0 \tag{29-9}$$

因此，应力松弛时间 τ 是指在应力松弛过程中，应力衰减到起始时的 1/e（0.37）所需的时间。τ 是衡量聚合物应力衰减快慢的尺度。

由于实际聚合物属于非线性黏弹体，应力和应变不仅与时间有关，还与应力、应变的方式有关，与应变速率有关，黏度不是一个常数，所以实际的应力松弛要比式（29-8）的形式复杂得多。

应力松弛实验可以用来测试硫化橡胶或热塑性橡胶的老化性能。

三、实验仪器及样品

测定静态应力松弛的仪器比较简单。仪器主要是由恒温系统、固定伸长系统和测力系统组成。本实验采用电子万能试验机来测定一定温度下聚合物的应力松弛曲线。

仪器：电子万能试验机，薄膜测厚仪，直尺。

样品：厚度 1.8～2.5mm 的软质 PVC，2mm 厚硅橡胶薄片。

四、实验步骤

1. 依次开启试验机和计算机，预热 5～10min 待系统稳定后才可进行试验。

2. 用冲片机截取长 10cm，宽 10mm 的试样或者哑铃样条，测量其厚度及宽度（厚度要求精确至 0.01mm）。量取 40mm 标距，在两端标记平行线。

3. 打开计算机软件，单击"联机"按钮，进入测试界面，单击"编辑试验方案"菜单，设置实验方案。

① 基本参数中试验方案选择"薄膜和薄片拉伸性能的测定"，方向设定选定"拉向"，试验控制条件选定负荷"1000N"和定力衰减幅度"63%"。

② 控制方法选"程控方式"，如图 29-2 所示。首先选择"位移控制"，设定拉伸速度为"100mm/min"，位移变化分别在 20mm、40mm 及 60mm 后停止并保持足够时间，如软 PVC 薄膜设定为 1800s。

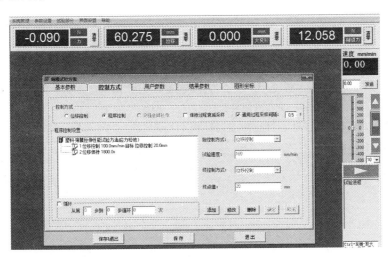

图 29-2　应力松弛测试时的程序控制方法设定

③ 设置试样参数，添加"试样宽度和试样厚度"，试验结果的坐标设置选择主画面，X 轴为"时间"，Y 轴为"应力"。方案设置后单击"保存并退出"，回到测试界面。

4. 在测试界面输入试样名称，已测量的试样的宽度和厚度数据。

5. 安装样条，先将样条的上划线处在上夹具上固定夹紧，单击测试界面的清零键将力清零，以清除试样自重带来的数值误差。再用手动控制盒的快速下移按键将试样下移，使下夹具在试样的下划线处夹紧试样。

6. 恒温。打开控温箱的电源开关，设置实验温度，使试样恒温 10min。

7. 单击清零按键，分别将位移、峰值力等窗口清零。单击"运行"按钮，开始测试。

8. 待实验结束后，清理试样，依次关闭主机、计算机。

五、数据处理

1. 计算试样伸长率。

$$试样伸长率=\frac{恒应变时试样伸长长度}{拉伸前上下夹具间试样长度}\times100\%$$

2. 通过 $\sigma\text{-}t$ 曲线计算松弛时间及应力半衰期。

松弛时间即 $\sigma_t/\sigma_0=1/e$ 时所对应的时间。应力半衰期即 $\sigma_t/\sigma_0=1/2$ 时所对应的时间。

3. 分析比较不同伸长率下同种材料的应力松弛现象，以及相同测试条件下不同材料的应力松弛现象。

思考题

1. 为什么高分子会产生应力松弛？

2. 一般塑料的松弛时间比橡胶的长还是短？试解释其原因。

3. 若聚合物在室温时的应力半衰期很长（几天），如何在短时间内得到其应力松弛曲线？

参考文献

[1] 潘鉴元，等. 高分子物理. 广州：广东科技出版社，1981.

[2] 于同隐，等. 高聚物的粘弹性. 上海：上海科学技术出版社，1986.

[3] 符若文，等. 高分子物理. 北京：化学工业出版社，2005.

[4] 硫化橡胶或热塑性橡胶老化性能的测定 拉伸应力松弛试验：GB/T 9871—2008.

第六单元

聚合物的电性能

实验三十　聚合物电阻的测定

一、实验目的

1. 了解聚合物电阻与结构的关系，理解体积电阻和表面电阻的物理意义。
2. 掌握用 ZC36 型 $10^{17}\Omega$ 超高电阻 10^{-14}A 微电流测试仪测定聚合物材料电阻的方法。

二、基本原理

聚合物的导电性，通常用与尺寸无关的体积电阻率 ρ_v 和表面电阻率 ρ_s 米表示。体积电阻率（ρ_v）表示聚合物截面积为 $1cm^2$ 和厚 $1cm$ 的单位体积对电流的阻抗。

$$\rho_v = R_v \frac{S}{h}(\Omega\cdot cm) \tag{30-1}$$

式中，R_v 为体积电阻；S 为测量电极的面积；h 为试样的厚度。

表面电阻率（ρ_s）表示聚合物长 $1cm$ 和宽 $1cm$ 的单位表面对电流的阻抗。

平行电极

$$\rho_s = R_s \frac{L}{b}(\Omega) \tag{30-2}$$

环电极

$$\rho_s = R_s \frac{2\pi}{\ln(D_2/D_1)} = R_s\pi\frac{D_1 + D_2}{D_2 - D_1}(\Omega) \tag{30-3}$$

式中，R_s 为表面电阻；L 为平行电极的长；b 为平行电极间距；D_1 为主电极的直径；D_2 为高压电极的内径。

电导率是电阻率的倒数。电导是表征物体导电能力的物理量。高分子是由许多原子以共价键连接起来的，分子中没有自由电子，也没有可流动的自由离子（除高分子电解质含有离子外），所以它是优良的绝缘材料，其导电能力极低。一般认为，聚合物的主要导电因素是由杂质所引起，称为杂质电导。但也有某些具有特殊结构的聚合物呈现半导体的性质，如聚乙炔、聚乙烯基咔唑等。

当聚合物被加以直流电压时，流经聚合物的电流最初随时间而衰减，最后趋于平稳。其中包括 3 种电流，即瞬时充电电流、吸收电流和漏导电流，如图 30-1 所示。

（1）瞬时充电电流　是聚合物在加上电场的瞬间，电子、原子被极化而产生的位移电流，以及试样的纯电容性充电电流。其特点是瞬时性，开始很大，很快就下降到可以忽略的地步。

（2）吸收电流　是经聚合物的内部，且随时间而减小的电流。它存在的时间大约几秒到几十分钟。吸收电流产生的原因较复杂，可能是偶极子的极化、空间电荷效应和界面极化等作用的结果。

（3）漏导电流　是通过聚合物的恒稳电流，其特点是不随时间变化。通常是由杂质作为载流子而引起。

由于吸收电流的存在，在测定电阻（电流）时，要统一规定读取数值的时间，通常为 1min。另外，在测定中，通过改变电场方向反复测量，取平均值，以尽量消除电场方向对吸收电流的影响所引起的误差。

温度对聚合物的电阻有影响。在非极强电场下（不产生自由电子），聚合物的电阻与温度关系曲线如图 30-2 所示。极性聚合物电阻较低，并在 T_g 附近出现电流增大的峰值。这是偶极基团取向产生位移电流而引起。一般导体电阻随温度增高而线性增加，而聚合物（介电质）电阻随温度升高而按对数减小（说明聚合物导电机理为一活化过程），并且在力学状态改变时，其变化规律亦发生变化。在 T_g 以后，由于链段运动解冻，链段相对位置不断改变，在局部上，其性质相似于液体，离子迁移更容易，因而电导增大，电阻减小，故通过测试 ρ_v 与温度的关系亦可测定 T_g。

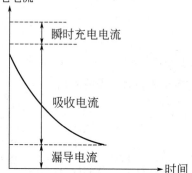

图 30-1　流经聚合物的电流

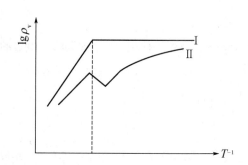

图 30-2　聚合物的体积电阻率与温度的关系

Ⅰ—非极性聚合物；Ⅱ—极性聚合物

环境湿度对电阻测定影响很大，尤以 ρ_s 为甚。在干燥清洁的表面上，ρ_s 几乎可以忽略，但只要有可导电的杂质，ρ_s 减少很快。当有水存在时，水迅速沾污（如可吸收 CO_2）而导电，有裂缝影响更明显。非极性聚合物难以吸湿，ρ_v 影响不大，但对于极性聚合物，吸湿后由于水可使杂质离解，因而电导增大。当材料含有有孔填料（如纤维等）时，影响更大。一般来说，湿度对极性聚合物的影响比非极性聚合物的大，对无机物的影响亦较有机物的大。因而测电阻时，规定在一定的湿度环境中进行。常用的固体绝缘材料体积电阻率和表面电阻率的测试标准为 GB/T 31838.2—2019 和 GB/T 31838.3—2019。

三、实验仪器及样品

本实验使用 ZC36 型 $10^{17}\Omega$ 超高电阻 $10^{-14}A$ 微电流测试仪，它是一种直读式的测超高电阻和微电流的两用仪器。仪器面板如图 30-3 所示。测量范围为 $1\times10^6\sim1\times10^{17}\Omega$，共分八挡。电压共分五挡（10V、100V、250V、500V、1000V）。仪器的倍率选择量程从 $1\times10^2\sim1\times10^9$，转换量程应从小到大。该仪器一般情况下不能用来测量一端接地的试样电阻。在测试时，仪器及试样应放在高绝缘的垫板上，防止漏电，影响测试结果。

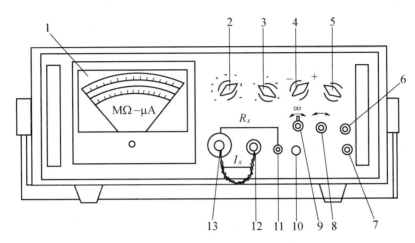

图 30-3　ZC36 型 $10^{17}\Omega$ 超高电阻 10^{-14}A 微电流测试仪面板

1—指示表；2—倍率选择开关；3—测试电压选择开关；4—"+"、"−"极性开关，当旋钮指向"+"时，测量"+"的直流信号；指向"−"时测量"−"的直流信号；指向"0"时，表关开路；5—"放电-测试"开关，当旋钮指向"放电"位置时，测试电压未加到被测样品上，当旋钮指向"测试"位置时，测试电压加到被测试样上；6—指示灯；7—电源开关；8—满度调整旋钮，调整表头指向满度（表头最右刻度"1"处）；9—"0、∞"旋钮，调整表头指向"0、∞"处；10—"输入短路开关"，当开关拔向"短路"位置时，被测信号短路，表头也就没有指示；11—高压端钮（红色），测试电压由此引出；12—接地端钮；13—输入端钮，被测信号由此引入

使用三电极系统测试绝缘材料的体积电阻 R_v 和表面电阻 R_s 时，可按图 30-4 接线。

若要进行升温测试，则其电极及加热装置与介质损耗测定相同，亦可把电极放在恒温箱中进行测定。

当被测电阻高于 $10^{10}\Omega$ 时，应将试样置于屏蔽箱内，箱外壳接地，以减少外界的影响。

标准试样为注塑成型所得的直径为 100mm 的大圆饼，厚度为（1.0±0.5）mm，每种应不少于 3 个。试样表面应光滑平整、无气泡、无机械杂质、边缘无毛刺。测试前，用少量无水乙醇清洁试样表面，并预先在 23℃、相对湿度 50% 的环境中存放 4 天以上。测产品电性能时，如有可能，试样的厚度应接近于实际产品厚度。本实验选用 ABS、阻燃 PP、硬质 PVC、软质 PVC 以及硅橡胶片材为测试试样。

四、实验步骤

1. 准确测量下列数值

① 试验温度及湿度。

② 按图 30-4 所示，测量主电极直径 D_1，保护环内径 D_2。

③ 试样的厚度，取三点的平均值，有效数字取两位。

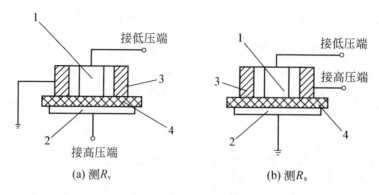

(a) 测 R_v　　　　　　　　(b) 测 R_s

图 30-4　三电极接线

1—测量电极；2—高压电极；3—保护电极；4—被测试样

2. 测试前准备工作

开机前面板上的各开关位置应如下。

① 测试电压开关置于"10V"。

② 倍率开关置于最低挡位置（$1×10^2$）。

③ "放电-测试"开关置于"放电"位置。

④ 电源开关置于"断"的位置。

⑤ 输入短路开关置于"短路"。

⑥ 极性开关置于"0"。

3. 检查测试环境的温度和湿度

当环境湿度高于 80%以上时，测量较高的绝缘电阻（大于 $10^{11}\Omega$）时，可能会导致较大的误差。

4. 检查交流电源电压

电源电压应保持在（220±20）V，必要时使用稳压器调节。

5. 接线

按图 30-4 放好试样，连接仪器线路。

① 用接地线把电极接地端与仪器接地端 12 连接好，接上电源的地线，如图 30-3 所示。

② 脱下输入端钮 13 的保护帽，用测量电缆线与主电极连接。

③ 用高压接线把高压端钮 11 与高压电极连接。

6. 仪器预热

开启仪器电源开关，接通电源，指示灯亮，并有蜂鸣声。如发现指示灯未亮，应切断电源，待查明原因后方可使用。仪器预热 30min，将极性开关置于"+"处，此时可能发现指示表指针会离开"∞"及"0"处。慢慢调节"∞"及"0"电位器，使指针指向"∞"及"0"处，直至不再变动。

7. 调节仪器灵敏度

将倍率开关由×10² 位置转至"满度"位置,把输入短路开关下拨至开路,这时指针应从"∞"位置指向"满度",即"1"位置。如果偏离,则调节"满度"电位器,使之刚好到"满度"。然后再把倍率开关拨到×10² 处,输入短路上拨至"短路",指针应重指于"∞"及"0"处。否则再调节电位器。反复多次,把仪器灵敏度调好。在测试中应经常检查"满度"及"∞",以保证仪器的测试精度。

8. 测试步骤

① 将测试电压选择开关置于所需要的电压挡,对于聚合物材料,一般先选 100V,测不到时再转 250V、500V 或 1000V。

② 将"放电-测试"开关置于"测试"挡,短路开关仍置于"短路",对试样充电 30s,然后将输入短路开关拨下,读取 1min 时的电阻值,作为试样的绝缘电阻值。读数完毕,立即把短路开关拨上"短路","放电-测试"开关置于"放电"挡。

若短路开关拨下时,指针很快打出满度,应立即将输入短路开关拨到"短路","放电-测试"开关拨到"放电",待查明原因再进行测试。

当输入短路开关拨下后,如发现表头无读数或指示很小,可将倍率开关升高一挡。逐挡升高倍率,直至读数清楚为止(应尽量取在仪表刻度上 1~10 的范围读数)。

③ 放电 30s,把电阻量程退小一挡,重复操作②,共测量 3 次。

④ 按①、②、③步,在室温下分别测试试样的三个 R_v 及 R_s 值,取其算术平均值。

⑤ 试样测定完毕,即将"放电-测试"开关拨到放电位置,输入短路开关拨至"短路",取出试样。对电容量较大(约在 0.01μF 以上)的试样,需经 1min 左右的放电,方能取出试样,否则可能受到电容中残余电荷的电击。

⑥ 仪器使用完毕,先切断电源,将面板上各开关复原。

五、结果处理

室温:_____   湿度:_____

主电极直径 D_1=____cm   保护环内径 D_2=____cm

项目	1	2	3	平均值
试样厚度 h/cm				
R_v/Ω				
R_s/Ω				
ρ_v/Ω·cm				
ρ_s/Ω				

用式(30-1)及式(30-3)计算 ρ_v 及 ρ_s,其中

$$\rho_v = R_v \frac{S}{h} = \frac{\pi D_1^2 R_v}{4h} (\Omega \cdot cm)$$

所有计算结果取两位有效数字。

思考题

1. 影响电阻测定的因素有哪些？
2. 通过实验说明为什么聚合物工程材料常用体积电阻率来表示其绝缘性质，而不用表面电阻率来表示？
3. 测试过程中如何防止受电击？

参考文献

[1] 潘鉴元，等. 高分子物理. 广州：广东科学技术出版社，1981.
[2] 李谷，符若文. 高分子物理实验. 二版. 北京：化学工业出版社，2014.
[3] 固体绝缘材料介电和电阻特性 第 2 部分：电阻特性（DC 方法）体积电阻和体积电阻率：GB/T 31838.2—2019.
[4] 固体绝缘材料介电和电阻特性 第 3 部分：电阻特性（DC 方法）表面电阻和表面电阻率：GB/T 31838.3—2019.

实验三十一　聚合物介电系数和介电损耗的测定

一、实验目的

1. 了解聚合物介电系数及介电损耗与结构的关系。
2. 掌握用 Q 表测定聚合物介电系数和介电损耗的方法。

二、基本原理

介电系数是电容器中有电介质时的电容与它在真空时的电容之比，即

$$\varepsilon = C/C_0 \tag{31-1}$$

式中，ε 为介电系数；C_0 为真空电容器的电容；C 为电介质电容器的电容。

聚合物电介质在施于同样电压下，由于极化而使电容两极板上产生感应电荷，电容器电容增加。聚合物的极化程度越大，介电系数也越大。介电系数反映电介质材料的极化能力。

聚合物分子在交变电场取向极化过程中，消耗部分能量以克服摩擦力，并转变为热能而消散，称为聚合物的介电损耗。聚合物的介电损耗常以它做成的电容器的电压与电流相位差余角 δ 的正切值 $\tan\delta$ 来表示，称为介电损耗角正切值。$\tan\delta$ 值等于在每个交变周期内聚合物损耗的能量（电能）和其储存能量的比值。

图 31-1（b）是一个有损耗的电容器的等效电路。其电压和电流的关系如图 31-1（a）所示。用复数形式表示电介质的电流时

$$I_{介} = iI_C + I_R \tag{31-2}$$

式中，I_C 为电容电流；I_R 为电阻电流。I_R 代表能量以热能形式消耗的部分，其损耗角正切为

$$\tan\delta = I_R/I_C = \varepsilon''/\varepsilon' \quad (31\text{-}3)$$

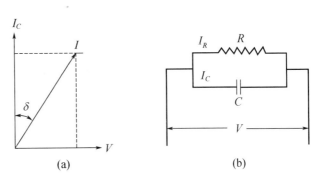

式中，ε'为复数介电系数的实数部分，即实验测得的介电系数；ε''为复数介电系数的虚数部分，也称损耗因子。

图 31-1　聚合物介电损耗

聚合物的介电损耗一般有两种。①电导损耗。由带电粒子产生。绝缘材料电阻大，常温下电导损耗较小，只有高温下才明显增大，如图 31-2 所示。②偶极损耗。因交变电场中偶极子做取向运动而产生。非极性聚合物应无介电损耗，但实际上均因存在杂质而不可避免地产生介电损耗。当聚合物处于玻璃态时，偶极子被冻结在一定的位置，只能做微小的取向摆动，损耗小。在高弹态下，通过链段运动使更多偶极子在电场中取向，损耗增大，并出现峰值，如图 31-3 所示。

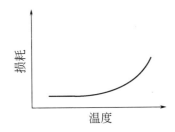

图 31-2　绝缘材料的电导损耗与温度的关系

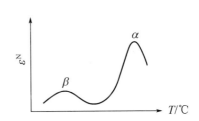

图 31-3　聚合物的损耗因子与温度的关系

聚合物损耗峰的位置因交变电场的频率 f 不同而不同。频率增大，峰向高温方向移动，因而在测定过程中，必须保持 f 恒定。在使用 Q 表测量时，f 的选择可根据线圈的电感大小而定。电感增大，f 变小。

三、实验仪器及样品

1. WY3253 Q 表（上海无仪电子设备有限公司制造）

Q 表板面及工作原理如图 31-4 所示。Q 表由高频振荡器、谐振回路、电子管电压表构成。按串联谐振理论，当达到谐振时，电容器两端的电压为所加高频信号电压的 Q 倍，即 $E=QE_x$。在恒定条件下，可把电压表直接标度为 Q 值，此即为 Q 表。Q 值说明回路选择性的品质，定义为

$$Q = 2\pi \frac{\text{回路内储存的能量}}{\text{每周内消耗的能量}} = \frac{\omega_0 L}{R} = \frac{1}{\omega_0 CR} = \frac{1}{\tan\delta}$$

式中，ω_0 为高频信号的角频率；C 为整个回路的电容。

实验中利用聚合物作为电容器的介质，将电容并联接入谐振回路中，由于介质的损耗而使回路 Q 值下降，利用 Q 表测出回路 Q 值的变化，就可测出聚合物的介电损耗。

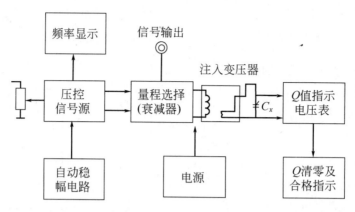

图 31-4　Q 表工作原理图

2. WY914 介电损耗测试装置

用该装置和 WY3253 Q 表电感器（LK-3，LK-9）配用，能对绝缘材料进行高频介电损耗角正切值和介电常数的测试。

3. LKI-2 型电感组

其中 LK-3 专用于 15MHz 测 ε 和 $\tan\delta$ 值，LK-9 专用于 1MHz 测 ε 和 $\tan\delta$ 值。

4. 实验样品

样品要求为圆形，直径为 25.4～31.0mm，厚度可在 1～5mm，如太薄或太厚则测试精度会下降。样品尽可能平直，表面平滑，无裂纹、气泡或机械杂质。本实验使用 PP、PE 注塑成型样品。在测定前用溶剂（对试样无作用）清洁试样表面，并在（25±2）℃或（25±5）℃，相对湿度为（65±5）%的环境中放置 16h 以上。

四、实验步骤

1. 测试前准备。

① 检查仪器 Q 值指示电表的机械零点是否准确。

② 将 Q 表主调协电容器置于最小电容，即顺时针旋转到底。调谐电容量及调节振荡频率时，当刻度已达最大或最小时，不要用力继续再调，以免损坏刻度和调节机构。

③ 选择适当的电感量的线圈，从 Q 表后部往前接在 Q 表"L_x"接线柱上（本实验选用 LKI-3，L=0.996μH，C=5pF，Q 值≥250）。

④ 将介电损耗测试装置插到 Q 表测试回路的"电容"即"C_x"两个端口上。

2. 接通电源，"ON"亮，仪器预热 30min，待频率读数稳定方可进行有效测试。注意测试时手不得靠近被测样品，以免人体感应影响。

3. 择合适频率挡（本实验选择高频段），分别用粗调和细调两个旋钮调节频率开关，使测量频率处于本实验所需的 15MHz。

4. 选择 Q 值量程（选择高量程时，低量程按钮同时按下。本实验选 1000，注意把 31、100、310、1000 挡的开关都一起按下）。

5. 调节平板电容器测微杆，使二极片相接为止，读取刻度值记为 D_0，这时测微杆应在

0mm 附近。

6. 松开二极片，将被测样品插入二极片之间，调节平板电容器测微杆顶端调节头使二极片夹住样品，读取新的刻度值，记为 D_1，这样可测得样品的厚度 $D_2=D_1-D_0$。

7. 调节圆筒电容器使其刻度置于 5.0mm。

8. 使测试频率保持不变（以电子板上的读数为准，可调节调频旋钮使频率不变），改变 Q 表调协电容，使之谐振，读得 Q 值（即 Q 最大值）。

9. 先顺时针方向，后逆时针方向，调节圆筒电容器，读取当 Q 表指示为原来最大值一半时测微杆上两个刻度值，取这两个值之差为 M_1。

10. 调节圆筒电容器，使 Q 表再次谐振（谐振时，Q 值应与前次谐振值一致），此时圆筒电容器重新回到 5mm 处。

11. 取出平板电容器中的样品，这时 Q 表又失谐，调节平板电容器使再谐振，读取测微杆上的读数 D_3，其变化值为 $D_4=D_3-D_0$。

12. 和步骤 9 操作一样，得到新的两个刻度值之差，记为 M_2，M_2 总比 M_1 小。

13. 测试完毕，顺时针旋转调谐旋钮，使 Q 表主调协电容器重新置于最小电容处，关闭仪器电源。

五、数据处理

记录测试条件及计算。

试样名称：　　室温：＿＿＿＿＿＿　　湿度：＿＿＿＿＿＿

被测样品的介电常数 $\varepsilon = \dfrac{D_2}{D_4}$

被测样品的介电损耗 $\tan\delta = \dfrac{K(M_1-M_2)}{15.5}$

（K 为圆筒电容器的线性系数，$K=0.32$mm）

思考题

1. 介电损耗与什么因素有关？实际生产中如何控制？
2. 能否通过测定介电损耗来测试聚合物的 T_g？

参考文献

[1] 何曼君，等. 高分子物理：修订版. 上海：复旦大学出版社，1997.

[2] 冯开才，等. 高分子物理实验. 北京：化学工业出版社，2004.

[3] 潘鉴元，等. 高分子物理. 广州：广东科技出版社，1981.

聚合物的其他性能

实验三十二　聚合物材料热老化性能的测定

一、实验目的

1. 掌握聚合物热老化的原理及影响因素。
2. 掌握热老化实验测定聚合物热稳定性的方法和技术。
3. 了解评价聚合物材料耐老化性能的方法。

二、基本原理

聚合物材料及制品在长期使用和储存过程中，由于氧、臭氧、热、光、辐射、机械变形、疲劳或其他物理化学因素作用，使其物理化学性质和力学性能逐渐变坏，出现龟裂、发黏或硬化、变色、透气性增加、介电性能减弱等现象以致丧失使用价值，这一过程称为老化。老化大大缩短了材料的使用寿命。为了改善聚合物材料及制品的耐老化性能，延长其使用寿命，节约地球资源，我们需要系统地研究聚合物老化机理、历程，以及引起聚合物老化的内外因素，找出抑制及阻止材料老化的方法。

聚合物老化实验方法分为两大类。①自然老化实验方法。包括大气静态老化实验，大气加速老化实验、自然储存老化实验，自然介质（如地理等）老化实验和大自然生物（如长霉）老化实验等多种实验项目。自然老化实验方法简便，实验结果比较可靠，但材料老化速度缓慢，实验周期长，难以满足科研及生产需要。②人工加速老化实验。包括热老化、臭氧老化、光臭氧老化、湿热老化、生物老化等。通过模拟并强化某种老化因素使得实验时间缩短，这些测试虽不能完全反映真实过程材料的老化结果，但可以近似了解材料的抗老化性能，对材料应用具有重要参考价值。其中生产和科研中最常用的是热空气加速老化及臭氧老化。如热空气老化实验是将聚合物试样置于给定条件（温度、风速、换气率等）的热老化试验箱中，使其经受热和氧的加速老化作用。通过检测暴露前后性能的变化，以评定材料的耐热老化性能。

聚合物材料在热空气老化实验中受到热及氧的作用。氧促使聚合物发生双键断裂，基团氧化等反应，引起聚合物材料外观及性能改变；热使聚合物分子链热裂解或热交联，同时提高氧扩散速度和活化氧化反应，从而加速聚合物材料的热氧老化。通常采用老化前后聚合物材料物理力学性能变化的比值来评价材料老化性能或衡量防老剂的效能。现行塑料热老化试验方法的国家标准为 GB/T 7141—2008，相应的国际标准为 ASTM D5510: 1994 (2001)。

三、实验仪器及样品

1. 仪器

热老化箱，它是一个电热鼓风恒温箱。主要由箱体、鼓风装置、加热调温自动控制装置和试样转动架等组成。热老化箱具有强制空气循环装置，实验时，试样的最小表面积正对气流以避免干扰空气流速，空气流速一般选择 0.5～1.0m/s 范围，风速大，热交换率高，老化速度快。在保证氧化反应充分的前提下，换气量尽可能小，可选择 3～10 次/h。

2. 试样

① 试样为哑铃状，其形状符合标准规定，具体尺寸见聚合物的力学性能单元。

② 每种实验样品数量不得少于 10 条，其中 5 条用于测其老化前的力学性能，例如拉伸强度、断裂伸长率等，其余 5 条试样用于老化实验及其后的力学性能测试。

四、实验步骤

1. 选择老化温度及老化时间。通常老化温度上限应低于塑料的软化点或熔点，以防温度过高引起试样变形、开裂或分解。当进行一系列温度下的测试时，为了确定规定的性能变化和温度间的关系，应最少使用四个温度。最低温度应能在大约六个月内使材料性能变化或产品失效达到预期水平。第二个温度稍高，应能在大约一个月内使材料性能变化或产品失效达到相同水平。第三和第四个温度应能够分别在大约一周和一天内达到相同的水平。实际上，在获得实验数据前，难以估计热老化的影响。因此，通常只需要在一个或两个温度下开始短期老化，直接获得数据来作为选择其余热老化温度的基础。如表 32-1 列出了可氧化降解塑料的典型热老化周期表。表中的暴露温度下，可以使用表中的暴露周期 A、B、C、D、E 来进行试验。

表 32-1　测定可氧化降解塑料热老化性能时推荐的温度和暴露时间（GB/T 7141—2008）

推荐的暴露温度/℃	温度的对数/℃	90℃时估计的失效时间/h				
		1～10	11～24	25～48	49～96	97～192
30	1.477	A				
40	1.602	B	A			
50	1.699	C	B	A		
60	1.778	D	C	B	A	
70	1.845	E	D	C	B	A
80	1.903		E	D	C	B
90	1.954			E	D	C
100	2.000				E	D
110	2.041					E

注：① 推荐的暴露周期为：A——2，4，8，16，24，32 周；B——3，6，12，24，36，48 d；C——1，2，4，8，12，16 d；D——8，16，32，64，96，128 h；E——2，4，8，16，24，32 h。

② 某些材料在较高温下的活化能可能与其在较低温度下的活化能不同。仅根据最高老化温度的数据来外推表 1 的关系时，应格外谨慎。

2. 测量试样的尺寸。

3. 开动鼓风机将老化箱调至所需温度，当温度稳定后，将进行老化实验的 5 条试样用夹子挂在老化箱内转动盘上，每两个试样间距不小于 10mm，试样与箱壁距离不得小于 70mm。

4. 关上老化箱门，开动转动盘，温度升至规定值后开始计算老化时间，到达规定老化时间时，立即取出试样。

5. 取出的试样在室温下相对湿度为 (65±5)%的环境放置 24～48h 后，测试其拉伸强度、断裂伸长率等。

五、数据与分析

1. 老化前后试样的拉伸强度、断裂伸长率等力学性能。

2. 试样老化前后外观变化（包括龟裂、变形、变色、褪色及透光性变化等）。

3. 老化前后试样质量的变化。

4. 分析各测试周期材料性能的老化系数 K。K=热老化试样的性能测定值/未经处理试样的性能测定值。

六、实验注意事项

1. 在热老化实验中，应使用灵敏、精确度高的温度控制装置，并使试样架能转动，应尽可能使箱内各处温度分布均匀，使温度波动范围尽量缩小。

2. 若温度选取过高，可加速试样老化，缩短实验时间，但热分解的可能性和配合剂的迁移、挥发会有所增加。

3. 不同配方或挥发物互相干扰的试样尽量避免一起进行老化实验。

思考题

1. 聚合物材料热老化的机理是什么？怎样提高材料的耐热老化性能？

2. 材料的热老化性能对其储存、加工和使用有什么影响？

3. 日常生活中所接触到的聚合物材料，哪些比较容易老化？

参考文献

[1] 塑料热老化试验方法：GB/T 7141—2008.

实验三十三　聚合物材料氧指数的测定

一、实验目的

1. 了解聚合物材料氧指数测定的基本原理。

2. 了解氧指数测定仪的结构和工作原理。

3. 掌握运用氧指数测定仪测定常见材料氧指数的基本方法。

4. 学习用氧指数评价常见聚合物材料的燃烧性能。

二、实验原理

聚合物燃烧时需要消耗大量的氧气，不同的聚合物燃烧时需要消耗的氧气量不同。通过测定聚合物燃烧过程中消耗的最低氧气量，计算材料的氧指数值，可以评价聚合物材料的燃烧性能。氧指数（oxygen index，OI）是指在规定的实验条件下，试样在氧氮混合气流中，维持平稳燃烧（即进行有焰燃烧）所需的最低氧气浓度，以氧所占的体积百分数表示。OI 高表示材料不易燃烧。一般认为，OI<27 的为易燃材料，27≤OI<32 的为可燃材料，OI≥32 的为难燃材料。

氧指数的测试方法是将一定尺寸的试样用试样夹垂直固定于通有按一定比例混合向上流动的氮氧气流的透明燃烧筒内，点燃试样的顶端，并观察试样的燃烧特性，把试样连续燃烧时间或试样燃烧长度与给定判据相比较。通常，若试样的燃烧时间超过 180s 或火焰前沿超过 50mm 标线时，就降低氧浓度，若试样的燃烧时间不足 180s 或火焰前沿不到标线时，就增加氧浓度，如此反复操作，从上下两侧逐渐接近规定值，至两者的浓度差小于 0.5%。试样的点燃方式有两种：顶面点燃法和扩散点燃法。顶面点燃法是将火焰的最低部分施加于试样的顶面，可使火焰覆盖整个顶面，但不能使火焰对着试样的垂直面或棱。施加火焰 30s，每 5s 移开一次，移开时观察试样整个顶面是否处于燃烧状态。在每增加 5s 后，观察整个试样顶面持续燃烧，立即移开点火器，此时试样被点燃并开始记录燃烧时间和燃烧长度。若 30s 内未被点燃则增加氧浓度，重复上述操作至试样被点燃；扩散点燃法是把可见火焰施加于试样顶面并下移至垂直面近 6mm 附近。连续施加火焰 30s，每 5s 检查试样的燃烧中断情况，直到垂直面处于稳态燃烧或可见燃烧部分达到支撑框架的上标线为止，达到上标线时认为试样被点燃。

不同的高分子材料按标准制成不同的试样尺寸，根据试样尺寸的不同选用不同的点燃方法。试样类型和试样尺寸如表 33-1 所示，氧指数测量的判据如表 33-2 所示。

表 33-1　试样类型和试样尺寸

试样形状	尺寸			试样用途
	长度/mm	宽度/mm	厚度/mm	
Ⅰ	80～150	10±0.5	4±0.25	模塑材料
Ⅱ	80～150	10±0.5	10±0.5	泡沫材料
Ⅲ	80～150	10±0.5	≤10.5	用于片材
Ⅳ	70～150	6.5±0.5	3±0.25	电器用自撑模塑材料或板材
Ⅴ	140	52±0.5	≤10.5	软膜或软片
Ⅵ	140～200	20	0.02～0.10	能用规定的杆缠绕的薄膜

注：① Ⅰ、Ⅱ、Ⅲ、Ⅳ型试样适用于自撑材料，Ⅴ型适用于非自撑材料。

② 不同形状、不同厚度试样的测试结果不可比较。Ⅲ和Ⅴ所得结果也仅能在相同形状与厚度下比较。

表 33-2   氧指数判据

试样类型	点燃方法	判据（二选其一）	
		点燃后燃烧的时间/s	燃烧长度
I、II、III、IV和VI	顶面点燃法	180	试样顶端以下 50mm
	扩散点燃法	180	上标线以下 50mm
V	扩散点燃法	180	上标线（框架上）以下 80mm

注：不同点燃方法所测的氧指数没有可比性。

三、实验仪器及样品

1. 仪器

氧指数测定仪如图 33-1 所示。氧指数测试仪主要由玻璃燃烧筒、试样夹、气体流量检测系统和控制系统组成，并配有气源、点火器、排烟系统、计时装置等。

2. 试样

选用 PP，PVC 等聚合物模塑片材，试样尺寸为长 80mm，宽（10±0.5）mm，厚（4±0.25）mm，为表 33-1 的I型试样，每种试样至少 15 条。

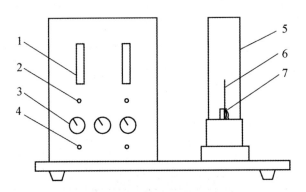

图 33-1   氧指数测定仪

1—转子流量计；2—流量调节阀；3—N₂ 和 O₂ 压力表；4—稳压阀；
5—玻璃燃烧筒；6—试样；7—试样夹

四、实验步骤

1. 检查气路，确定各部分连接无误，无漏气现象。

2. 确定实验开始时的氧浓度。根据经验或试样在空气中点燃的情况，估计开始实验的氧浓度。如试样在空气中迅速燃烧，则开始实验时的氧浓度为 18%（体积分数）左右；如在空气中缓慢燃烧或时断时续，则为 21% 左右；在空气中离开点火源即马上熄灭，则起始氧浓度至少为 25%。

3. 安装试样。首先在试样距顶面 50mm 处划一条标线。将试样夹在夹具上，垂直地安装在燃烧筒的中心位置上，保证试样顶端低于燃烧筒顶端至少 100mm，罩上燃烧筒。

4. 通气并调节流量：开启氧、氮气钢瓶阀门，调节减压阀压力为 0.2～0.3MPa，然后开启氮气和氧气管道阀门（先开氮气，后开氧气，且阀门不宜开得过大），然后调节稳压阀，仪器压力表指示压力为（0.1±0.01）MPa，并保持该压力（禁止使用过高气压）。

5. 调节氧气与氮气流量阀，使氧浓度达到设定值，并以（40±2）mm/s 的速度通过燃烧筒。点燃试样前，至少用混合气体冲洗燃烧筒 30s，排出燃烧筒内的空气，并确保试验期间气体流速不变。

6. 点燃试样。用点火器从试样的顶部中间点燃，勿使火焰碰到试样的棱边和侧表面。在确认试样顶端全部着火后，立即移去点火器，开始计时或观察试样烧掉的长度。点燃试样时，火焰作用的时间最长为 30s，若在 30s 内不能点燃，则应增大氧浓度，继续点燃，直至 30s 内点燃为止。

7. 确定临界氧浓度的大致范围。点燃试样后，立即开始计时，观察试样的燃烧长度及燃烧行为。若燃烧终止，但在 1s 内又自发再燃，则继续观察和计时。如果试样的燃烧时间超过 3min 或燃烧长度超过 50mm（满足其中之一），说明氧的浓度太高，必须降低，此时记录实验现象为 "x"。如试样燃烧在 3min 和 50mm 之前熄灭，说明氧的浓度太低，需提高氧浓度，此时记录实验现象为 "O"。如此在氧的体积分数的整数位上寻找相邻的四个点，这四个点处的燃烧现象为 "OOxx" 即氧不足、氧不足、氧过量、氧过量，此范围即为所确定的临界氧浓度的大范围。

8. 在上述测试范围内，缩小步长，从低到高，氧浓度每升高 0.4%重复一次以上测试，观察现象，并记录。重复操作直至氧浓度误差小于 0.5%，记录氧浓度并按公式计算氧指数。

$$氧指数[OI] = \frac{[O_2]}{[O_2]+[N_2]} \times 100$$

式中，$[O_2]$ 为氧气流量，L/min；$[N_2]$ 为氮气流量，L/min。

五、数据记录与结果处理

1. 根据上述实验数据计算一次试样的氧指数值 OI，即取氧不足的最大氧浓度值和氧过量的最小浓度值两组数据计算平均值。

以三次试验结果的算术平均值作为材料的氧指数，有效数字保留到小数点以后一位。

2. 记录试样形状和尺寸、点燃方法，描述试样的燃烧特性，如滴落、焦糊、不稳定燃烧、灼热燃烧或余辉等。根据氧指数值来评价材料的燃烧性能。

六、注意事项

1. 制备的试样应尽量平滑，无毛刺。

2. 氧、氮气流量调节要得当，压力表指示处于正常位置，禁止使用过高气压，以防损坏流量计，玻璃筒为易碎品，实验中谨防打碎。

3. 在进行明火操作时，测试仪器周围请勿存放易燃易爆物品。

思考题

1. 如何用氧指数值评价材料的燃烧性能？
2. 聚合物材料的氧指数与材料的化学结构及组成有何关系？

参考文献

[1] 塑料用氧指数法测定燃烧行为 第 2 部分：室温试验：GBT 2406.2—2009.

[2] 阮文红，李谷，符若文，王小妹，高分子加工实验，北京：化学工业出版社，2022.

实验三十四　聚合物材料透光率和雾度的测定

一、实验目的

1. 了解聚合物材料透光率和雾度的基础知识。
2. 了解雾度计的基本结构和测试原理。
3. 掌握聚合物材料透光率和雾度的测定方法。

二、实验原理

透光率是指标准光源的一束平行光垂直照射薄膜、透明或半透明片材时，透过材料的光通量与入射光通量之比，用百分数表示。透光率是表征材料透明程度的一个重要指标，材料的透光率越高，其透明性就越好。理论上透明材料的透过率最高可以达到 100%，但实际上，即使是透明性最好的光学玻璃的透光率一般也难以超过 95%。造成入射光通量在媒介中损失而未能透过材料的主要原因有如下几个方面。①光的反射。反射即入射光未进入聚合物而在其表面返回的光通量，反射光通量占光在透过媒介时损失的大部分，与材料的折光指数有关。②光的吸收。入射到聚合物上既没有透过也没有反射部分的光通量即为光的吸收。光线吸收的大小取决于聚合物本身的结构，主要与分子链上化学键及原子基团的性质有关。例如分子结构中含有双键的聚合物易于吸收可见光。③光的散射。光的散射即光线入射到聚合物表面，既没有透过也没有反射和吸收的一部分光通量，其占比比较小。造成光散射的原因有：材料表面粗糙不平；聚合物内部结构不均匀，例如分子量分布不均匀、无序相与结晶相共存等；结晶聚合物的散射比较严重，只有晶体颗粒小于可见光波长时，才能像非晶聚合物那样不引起散射，提高透明度。例如快速冷却的 PE、PP 等结晶聚合物可以取得一定的透明性。聚 4-甲基戊烯-1 是目前已商业化的高透明度树脂中唯一的结晶性聚合物，透光率可达 90%～92%，与无定形聚苯乙烯及聚甲基丙烯酸甲酯相当，其结晶颗粒比较小，结晶部分与无定形部分的密度及折射率接近，无论结晶度大小，制品都透明。

雾度又称浊度，是指透过材料而偏离入射光方向的散射光通量与透过光通量之比，用百分数表示。通常，将偏离入射光方向 2.5° 以上的散射光通量用于计算雾度。雾度可以表征透明试样内部或表面发生光散射而引起的云雾状或浑浊外观，它是衡量透明或半透明材料散射程度的指标。雾度通常是由于材料表面缺陷、密度变化或产生光散射的杂质引起的。

测试时可以利用积分球雾度计或分光光度计测定入射光量，通过试样的总透光量，仪器引起的光散射量以及仪器和试样共同引起的光散射量，计算出通过试样透光率和雾度。

透光率和雾度是检验透明材料光学性能的两个重要指标，例如航空有机玻璃要求透光率大于 90%，雾度小于 2%。屏蔽亮光源的材料则应有最大的漫反射和最小的透明度。一般来说，透光率与雾度成反比关系，即透光率高的材料，雾度低。但两者的关系并不总是如此，有时也有相反的结果。例如毛玻璃的透光率较高，但其雾度也比较大。将点光源变为面光源的光扩散材料要求透光率和雾度双高，都要接近 90%才可以使用。所以透光率与雾度是两个独立的光学指标。

透明材料雾度和透光率测试时，一些影响因素包括：①光源。光源不同，它的相对光谱能量分布就不同，同一透明材料用不同光源测量，所得到的透光率和雾度不同。②材料表面状态。材料表面状态主要指表面是否平整光滑、有无擦伤、是否受到污染。擦伤和表面污染对雾度影响较大。③试样厚度。试样厚度增加，透光率下降，雾度增加，只有在同一厚度时才能比较透光率和雾度。④仪器。从仪器来说，光源的变化、积分球内表面、标准板及光电池的变化都可能引起误差；从操作来说，主要是计数误差。所以要求严格操作和定期校正仪器。

三、测试仪器及样品

1. 仪器

测量透光率和光散射性能有两种方法：方法 A 和方法 B。方法 A 采用积分球雾度计，方法 B 采用分光光度计。本次实验用积分球雾度计作为测试仪器，仪器结构如图 34-1 所示。图中积分球用于收集透过的光通量，出入窗口的总面积不超过积分球内反射表面积的 4%，任何直径的球均可适用。积分球内表面、挡板和标准反射板，应该具有基本相同的反射率，在整个可见光波长区具有高反射率。测试时，照射在试样上的光束，应基本上是单向平行光线，不能偏离光轴 3°以上。光束的中心和出口窗的中心是一致的，这个光束在出入窗口不应引起光晕。陷阱在无试样和标准板的时候能够全部吸收光。

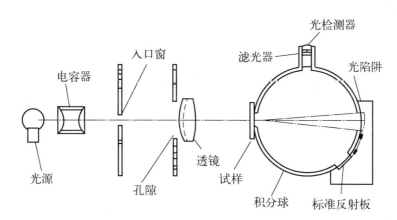

图 34-1 雾度计

第七单元

2. 试样

吹塑聚乙烯薄膜，聚苯乙烯、聚碳酸酯、聚甲基丙烯酸甲酯片材和板材。试样两侧表面应光滑平整且平行，无可见的内部缺陷和颗粒，无灰尘、划痕和污染。试样为直径 50mm 圆片或者 50mm×50mm 方片。每组 5 个试样。厚度尺寸不同的试样之间的测定结果不能相互比较。

四、实验步骤

1. 开启仪器，预热至少 20min。

2. 测量试样厚度。厚度小于 0.1mm 时，至少精确到 0.001mm；厚度大于 0.1mm 时，至少精确到 0.01mm。

3. 放置标准板，调检流计为 100 刻度，挡住入射光，调检流计为 0，反复调 100 和 0，直到稳定，即入射光通量 T_1 为 100。

4. 放置试样，此时透过试样的光通量在检流计上的读数为 T_2。去掉标准板，置上陷阱，在检流计上所测出的光通量为试样和仪器的散射光通量 T_4。再去掉试样，此时检流计所测出的光通量为仪器的散射光通量 T_3。以上操作如表 34-1 所示。测试中，T_1、T_2、T_3、T_4 都是测量相对值。

5. 按照步骤 4 重复测定 5 片试样。

6. 结束实验，关闭仪器。

表 34-1　测试时检流计读数与仪器所处状态的关系

检流计读数	试样是否在位置上	光陷阱是否在位置上	标准反射板是否在位置上	得到的量
T_1	不在	不在	在	入射光通量
T_2	在	不在	在	通过试样的总透射光通量
T_3	不在	在	不在	仪器的散射光通量
T_4	在	在	不在	仪器和试样的散射光通量

五、数据处理

1. 透光率 T_i：T_i（%）＝(T_2/T_1) ×100%

2. 雾度值 H：H（%）＝$[T_4/T_2-T_3/T_1]$×100%

式中，T_1 为入射光通量；T_2 为通过试样的总透射光通量；T_3 为仪器散射光通量；T_4 为仪器和试样的散射光通量。

结果取 5 片试样的算术平均值，精确到 0.1%。

 思考题

1. 哪些因素会影响透明材料透光率及雾度？

2. 如何增加结晶塑料的透光率？

3. 如何减小塑料制品的雾度？

参考文献

[1]　透明塑料透光率和雾度的测定：GB/T 2410—2008.

实验三十五　聚合物材料水平燃烧和垂直燃烧性能测定

一、实验目的

1. 了解聚合物燃烧性能的相关概念及知识。
2. 了解水平燃烧和垂直燃烧测定法的基本原理。
3. 掌握水平燃烧和垂直燃烧测定的实验方法及结果分析。

二、实验原理

聚合物在受到外部热源作用时，温度升高，进而氧化、降解，生成挥发性的可燃气体和其他热分解产物并开始燃烧。不同聚合物具有不同的燃烧性能，了解聚合物的燃烧性能有助于合理使用材料，防止火灾危害，并研发制造具有良好阻燃性能的聚合物新材料。

将长方形条状试样一端固定在水平或垂直夹具上，另一端于规定的试验火焰中，通过测量线性燃烧速率，可以评价试样在规定条件下的水平燃烧性能。通过测量余焰和余晖时间（观察材料是否自熄）、燃烧程度和燃烧颗粒的滴落情况，可以评价试样在规定条件下的垂直燃烧性能。实验时一些基本概念：①有焰燃烧：在规定条件下移去引燃源后，材料火焰（余焰）持续的燃烧。②有焰燃烧时间：在规定条件下移去引燃源后，材料保持有焰燃烧的时间。③无焰燃烧：在规定条件下移去引燃源后，当有焰燃烧终止或无火焰产生时，材料保持辉光（余辉）的燃烧。④无焰燃烧时间：在规定条件下移去引燃源后，当有焰燃烧终止或无火焰产生时，材料持续辉光燃烧的时间。

影响聚合物燃烧性能的因素很多。聚合物的热分解特性决定了聚合物的燃烧性能，组成和化学结构不同的聚合物，其热分解温度和分解产物不同，聚合物的燃烧性能也有差异。此外，燃烧温度越高则聚合物燃烧速度越快；燃烧热越大则聚合物燃烧越容易加剧；氧气的浓度对燃烧也十分重要。一些物理结构或形态例如材料的密度、各向异性和试样的厚度也会影响燃烧性能的测量。因此，厚度、密度、各向异性、点燃的方向、颜料、填料及阻燃剂种类和含量不同的试样，其实验结果不能相互比较。目前，水平垂直燃烧性能的国内测试标准为 GB/T 2408—2021，国外常用的为美国 UL94 标准。

三、实验仪器及样品

1. 仪器

通风柜、水平垂直燃烧测定仪，如图 35-1 所示、试

图 35-1　水平垂直燃烧测定仪

验测试示意如图 35-2 和图 35-3 所示。干燥器、脱脂棉，测厚仪（分辨率 0.01mm）。

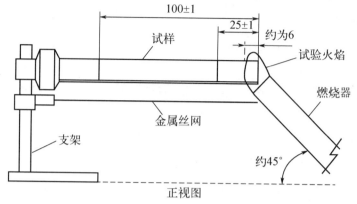

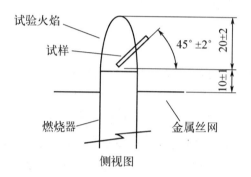

图 35-2   水平燃烧试验（单位：mm）

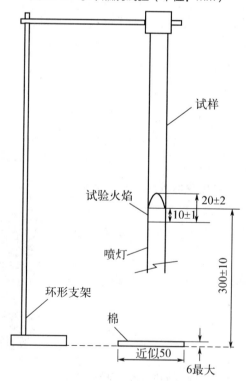

图 35-3   垂直燃烧试验装置（单位：mm）

2. 试样

条状试样，长度为（125.0±5.0）mm，宽度为（13.0±0.3）mm，厚度为（3.0±0.2）mm。表面应平整、光滑、无气泡、飞边、毛刺等缺陷。水平燃烧试验每组最少应准备 3 根试样，垂直燃烧试验则最少准备 5 根试样。

四、实验步骤

将煤气管接至燃烧箱与燃气罐和压缩空气的气道上，并检查气道口，防止漏气。

1. 水平燃烧试验

水平法适用于常温时一端固定后能水平支撑、另一端下垂不大于 10mm 的塑料试样，只适用评定实验室条件下材料的燃烧性能，不作为实际使用条件下着火危险性的依据。

（1）安装试样

取三根试样，分别在距试样点燃端 25mm 和 100mm 处，与试样长轴垂直处各划一条标线。用夹具夹紧试样远离 25mm 标线的一端，使其纵轴呈水平，横轴与水平方向成 45°夹角，如图 35-2 所示。将金属网水平固定在试样下面，与试样下底边相距 10mm，并使金属网的前缘与试样自由端对齐。

（2）火焰调节

将燃料气体的气源与喷灯接通，在远离试样的地方点燃喷灯，调节燃气流量，使灯管在竖直位置时产生（20±2）mm 高的黄色火焰，然后打开空气进口阀，经调节确保喷灯产生（20±2）mm 高的蓝色火焰。

（3）点燃试样

将火焰移到试样自由端较低的边上，使灯管中心轴线保持垂直，面对试样宽面，水平方向接近试样，并向试样端部倾斜，与水平方向约成 45°。调整喷灯位置，使试样底面中点下方（10±1）mm，且自由端（6±1）mm 长度处施加火焰，并开始记录施焰时间，精确到 1s。如果施焰时间不足 30s，火焰前沿已达到 25mm 标线时，应立即移开喷灯，停止施焰。

停止施焰后，若试样继续燃烧（包括有焰燃烧或无焰燃烧），则应记录燃烧前沿从 25mm 标线到燃烧终止时的燃烧时间 t，并记录从 25mm 标线到燃烧终止端的烧损长度 L。

如果燃烧前沿越过 100mm 标线，则记录从 25mm 标线至 100mm 标线间燃烧所需时间 t，此时烧损长度 L 为 75mm。如果移开点火源后，火焰即熄灭，燃烧前沿未达到 25mm 标线，则不计燃烧时间、烧损长度。

重复以上实验步骤，完成 3 根试样的测试。

2. 垂直燃烧试验

垂直法是在规定条件下，对垂直放置的，具有一定尺寸的试样施加火焰后的燃烧行为进行分类的一种方法。它仅适用于质量控制试验和选材试验，不能作为实际条件下着火危险性的依据。

（1）安装试样

用环形夹具夹住试样上端 6mm，使试样长轴保持铅直，并使试样下端距水平铺置的干燥医用脱脂棉层距离约为 300mm，如图 35-3 所示。

（2）点燃喷灯

点燃喷灯，调燃气流量，使灯管在竖直位置时产生（20±2）mm 高的黄色火焰，然后打开空气进口阀，经调节确保喷灯产生（20+2）mm 高的蓝色火焰。

（3）点燃试样

将喷灯火焰对准试样下端面中心，并使喷灯管顶面中心与试样下端面距离 H 保持为10mm，点燃试样 10s。必要时，可随试样长度或位置的变化来移动喷灯，以使 H 保持为 10mm。

如果在施加火焰过程中，试样有熔融物或燃烧物滴落，则将喷灯在试样宽度方向一侧倾斜 45°，并从试样下方后退足够距离，以防滴落物进入灯管中，同时保持试样残留部分与喷灯管顶面中心距离仍为 10mm，呈线状的熔融物可忽略不计。

对试样施加火焰 10s 后，立即把喷灯撤到离试样至少 150mm 处，同时用计时装置测定试样的有焰燃烧（余焰）时间 t_1。

试样有焰燃烧停止后，立即按上述方法再次施焰 10s，并需保持试样余下部分与喷灯口相距 10mm。施焰完毕，立即撤离喷灯，同时启动计时装置测定试样的有焰燃烧时间 t_2 和无焰燃烧（余辉）时间 t_3，此时还要记录是否有滴落物、滴落物是否引燃了脱脂棉。

重复以上实验步骤，测试 5 根试样。

五、数据处理及结果评价。

1. 水平燃烧

（1）计算每根试样的线性燃烧速率 v（mm/min）：

$$v = 60L/t \tag{35-1}$$

式中，L 为燃损长度，mm；t 为燃烧时间，s。

（2）计算 3 根试样线性燃烧速率的算术平均值。

（3）分级评价：材料的燃烧性能，按点燃后的燃烧行为，可分为 HB 级（HB40 级或HB75 级）或未达到 HB 级（HB 表示水平燃烧）。HB 级对应 UL94 标准中最低的阻燃等级。

HB 级材料应该符合下列要求之一：

① 移去引燃源后，材料没有可见的有焰燃烧。

② 引燃源移去后，试样出现连续的有焰燃烧，但火焰前端未超过 100mm 标线。

③ 若火焰前端超过 100mm 标线：对于厚度为 3.0～13.0mm 的试样，其线性燃烧速率不超过 40mm/min；对于厚度低于 3.0mm 的试样，其线性燃烧速率不超过 75mm/min；若厚度为 1.5～3.2mm 的试样线性燃烧速率不超过 40mm/min，则降至 1.5mm 最小厚度时，就应自动地接受为 HB 级。

HB40 级的材料应该符合以下要求之一：

① 移去引燃源后，材料没有可见的有焰燃烧。

② 在引燃源移去后，试样出现连续的有焰燃烧，但火焰前端未超过 100mm 标线；

③ 若火焰前端超过 100mm 标线，其线性燃烧速率不超过 40mm/min。

HB75 级的材料应该符合以下要求之一：

① 移去引燃源后，材料没有可见的有焰燃烧；

② 在引燃源移去后，试样出现连续的有焰燃烧，但火焰前端未超过 100mm 标线；

③ 若火焰前端超过 100mm 标线，其线性燃烧速率不超过 75mm/min。

2. 垂直燃烧

（1）结果计算：每组 5 个试样总余焰时间 t_i：

$$t_i = \sum_{i=1}^{5} (t_{1,i} + t_{2,i})$$

式中，t_i 为总余焰时间，s；i 为试样编号，i 为 1～5；$t_{1,i}$ 为第 i 根试样第一次余焰时间，s；$t_{2,i}$ 为第 i 根试样第二次余焰时间，s；

（2）分级评价

材料的燃烧性按点燃后的燃烧行为分为 V-0、V-1 和 V-2 二级（V 表示垂直燃烧）。如表 35-1 所示。

表 35-1　垂直燃烧法测定的材料分级表

评定项目	级别		
	V-0	V-1	V-2
单个试样的余焰时间（t_1，t_2）	≤10s	≤30s	≤30s
任一状态调节的一组试样的总余焰时间 t_1	≤50s	≤250s	≤250s
第二次施加火焰后单个试样余焰时间加余辉时间（t_2+t_3）	≤30s	≤60s	≤60s
余焰或余辉是否燃至夹持夹具	否	否	否
燃烧颗粒或滴落物是否引燃棉花垫	否	否	是

 思考题

1. 影响聚合物水平与垂直燃烧实验的因素有哪些？
2. 如何根据实验结果评价试样的燃烧性能？

 参考文献

[1] 塑料燃烧性能的测定　水平法和垂直法：GB/T 2408—2021.

第八单元

聚合物的简易鉴定

实验三十六 聚合物的定性鉴别

一、实验目的

1. 了解聚合物燃烧试验和气味试验的特殊现象，借以初步辨认各种聚合物。

2. 掌握钠熔法进行简易的元素定性分析鉴定聚合物的方法。

3. 利用聚合物溶解的规律及溶剂选择的原则，了解并掌握溶解度法对常见聚合物的定性分析。

二、基本原理

聚合物材料的鉴别，特别对未知聚合物试样的鉴别颇为复杂。聚合物需要纯化，即使经纯化的聚合物也往往不能用单一的方法进行鉴别。对于常见的聚合物，通常使用红外、质谱、X射线衍射、气相色谱等仪器可以不同程度地进行定性和定量分析。而对少量组成复杂的聚合物样品，这些仪器分析法往往也有许多局限性，不用化学方法加以验证常常会得出错误的结论。例如使用红外光谱法鉴定聚合物时，由于红外吸收光谱的加和性，对于未分离去添加剂的聚合物样品，要从它的红外光谱图取得正确的分析结果是比较困难的。而分离工作常常是极其麻烦的。另外，由于聚合物难以粉碎和溶解性等方面的问题，制备适于做红外光谱的试样亦并非轻而易举。即使衰减全反射红外光谱法也对试样提出了在实际鉴定工作中常常不能满足的要求（如要求试样具有一个平坦光滑的表面）。将示差扫描量热法（DSC）、热重分析法（TGA）与气相色谱（GC）、质谱（MS）联用或许能快速地同时测定出聚合物、填料、增塑剂、稳定剂等的种类和含量。但对技术上和设备上的要求很高，非一般实验室所能解决。为此，基于聚合物的特性简单地通过外观、在水中的浮沉、燃烧、溶解性和元素分析的方法进行实验室的鉴别是方便易行的。

1. 根据试样的表观鉴别

HDPE、PP、NY-66、NY-6、NY-1010质硬，表面光滑。LDPE、PVF、NY-11质较软，表面光滑，有蜡状感觉。硬PVC、PMMA表面光滑，无蜡状感觉。PS质硬，敲打会发出清脆的"打铃声"。

2. 根据试样的透明程度鉴别

（1）透明的聚合物　聚丙烯酸酯类、聚甲基丙烯酸酯类、再生纤维素、纤维素酯类和醚类、聚甲基戊烯类、PC、PS、PVC 及其共聚物。

（2）半透明的聚合物 尼龙类、PE、PP、缩醛树脂类。透明性往往与样品的厚薄、结晶性、共聚物某些成分的含量等有关。如 EVA 中 VC 的含量大于 15%可以从半透明变为透明；半透明的聚合物在薄时变为透明；加入填料共混后，透明聚合物变为不透明；结晶可使透明聚合物变为半透明。

3. 根据聚合燃烧试验的火焰及气味鉴别

样品置于火焰边缘（如不立即燃烧，放入火焰中 10s），检验样品燃烧的火焰及气味。聚合物燃烧试验系统鉴定方法如图 36-1。

4. 根据聚合物的密度鉴别

聚合物的密度差别悬殊，有些密度比水小，浮于水面，有些密度为水的 2 倍，因此可以通过密度的测定来鉴别一些聚合物，常见聚合物在 20～25℃时的密度见表 36-1。要区别聚丙烯和聚乙烯，将样品投入聚苯乙烯单体中，聚丙烯会漂浮在苯乙烯单体中，而聚乙烯不能漂浮在苯乙烯单体中。

5. 根据溶解性试验鉴别

聚合物的溶解性试验是一种行之有效的初步试验。聚合物的溶解可简单地理解为由于聚合物分子与溶剂分子间的引力导致分子链间的距离增大。聚合物分子的溶解行为与低分子化合物相比较有许多不同的特点。除化学组成外，聚合物分子的结构形态，链的长短、柔顺性、结晶度、交联度等均对溶解性能有影响。通常，线型聚合物，除聚四氟乙烯等个别外，都能溶于一定的溶剂中。有个别的（如聚酰亚胺等）只能溶于浓的无机酸和无机盐溶液中。交联结构的聚合物除非破坏其交联，都不会溶解，而只能在某些溶剂中溶胀。

由于聚合物的分子链很长，分子与分子间的作用变得突出，一般都不溶于脂肪烃、四氯化碳等非极性溶剂。结晶性聚合如聚甲醛、聚乙烯、聚丙烯等，以及分子间氢键缔合的聚合物如聚酰胺、聚丙烯腈等，只能溶于极有限的和很特殊的溶剂中。除了聚丙烯酸、聚丙烯酰胺、聚乙烯醇、聚乙二醇、聚甲基丙烯酸、聚乙烯基甲醚、甲基纤维素和聚乙烯丁内酰胺外，其他的聚合物均不溶于水。

试验所用的溶剂量通常是试样体积的 20 倍，最好在回流下溶解，以防止溶剂的挥发。更换溶剂试样时，应将前一次溶剂全部除去或用新样品，溶解性试验的依据是选择溶剂的三原则。

必须强调指出的是溶度参数 δ 并不是相容性的唯一因素，由于氢键引起的强的分子间作用力能改变或显著地改变仅仅基于溶度参数所预言的溶解性。如果将溶剂根据它们形成氢键的能力再仔细地分为：强氢键溶剂（如醇、氨、酸），中等氢键溶剂（如酯、醚、酮），弱氢键或低内聚能溶剂（如烷烃及其卤素、硝基、氰的衍生物），便可达更高的准确性。

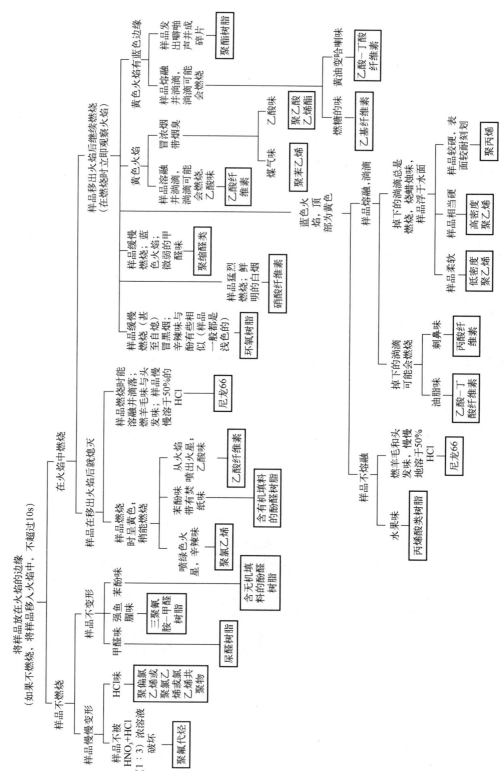

图36-1　聚合物燃烧试验系统鉴定

表 36-1 常见聚合物在 20～25℃时的密度

范围	聚合物	范围	聚合物
<0.8	硅油 0.75～1.1	1.0～1.2	缩甲醛、苯胺-甲醛树脂、乙酸-丁酸纤维素、聚碳酸酯，1.20
0.8～1.0	橡胶（未硫化）、聚丙烯，0.91		
	橡胶（已硫化）、聚异丁烯、异丁橡胶、	1.2～1.4	聚丙烯酸甲酯，1.22
	高压（低密度）聚乙烯，0.92		氯丁橡胶，1.23～1.28
	丁苯橡胶（未硫化），0.94		苄基纤维素、玉米纤维，1.25
	杜仲胶，0.95		纤维素三乙酸酯，1.26
	低压（高密度）聚乙烯，0.94～0.98		氯乙烯-丙烯腈共聚物，1.26～1.33
1.0～1.2	丁腈橡胶（未硫化），0.97～1.0		环氧树脂、硅橡胶和硅树脂，约 1.30
	丁苯和丁腈橡胶（已硫化），约 1.0		聚硫橡胶，1.3～1.6
	聚甲基丙烯酸异丁酯，1.02		乙酸纤维素（纤维状），1.32
	尼龙-12、尼龙-11，1.10～1.05		酚醛树脂（无填充料），1.34
	环化橡胶、聚苯乙烯、聚甲基丙烯酸丙酯和丁酯，1.05～1.06		氯乙烯-乙酸乙烯酯共聚物、磺胺-甲醛树脂、酚醛层压物（纤维或纸质），约 1.3
	ABS，1.04～1.06		
	尼龙-610，1.09		
	氧茚-茚树脂、尼龙-11、聚乙烯醇缩丁醛，约 1.1		硝化纤维素、聚对苯二甲酸乙二醇酯、聚氯乙烯（无增塑剂）、酚醛树脂（压模件），1.39～1.40
	聚丙烯腈（纤维状），1.12～1.18		聚氟乙烯，1.39
	尼龙-6，1.13	1.4～1.6	氯化聚氯乙烯，1.44
	尼龙-66，1.14		苯胺-甲醛树脂，约 1.5
	乙基纤维、盐酸橡胶、聚乙烯醇缩乙醛，1.15		黏胶丝，1.52
			氯化橡胶（65%氯），1.64
	聚乙酸乙烯酯，1.17～1.19	1.6～2.8	聚偏氯乙烯、玻璃纤维层压物、聚偏氟乙烯，约 1.7
	聚甲基丙烯酸甲酯，1.19		
	聚氨酯、聚乙烯氮芴、聚乙烯醇		聚三氟氯乙烯，2.12
		>1.8	四氟乙烯，2.2

　　在进行溶解性试验时，必须充分认识聚合物的溶解特点，即聚合物的分子量越大，它在溶剂中的溶解速度就越慢，分子量在十万至百万的需要 1～2d 才全部溶解。分子量更大需要的时间更长。在溶解过程中，聚合物首先出现溶胀现象，然后才溶解。交联聚合物在有些溶剂中也会溶胀，但不会溶解或只有一小部分交联度不大的分子会溶解。因此必须很好地识别这种溶胀现象是由于交联结构造成的还是属于溶解过程中的一个暂时现象。将样品剪切或研磨成小片、粉末或小颗粒，使它们与溶剂接触面增大，将有助于加速溶解。提高溶剂的温度也会加速聚合物的溶胀和溶解，但必须密切注意加热的温度，区分由于聚合物熔融引起的假溶与聚合物真正的溶解。图 36-2 为聚合物溶解性能鉴别。

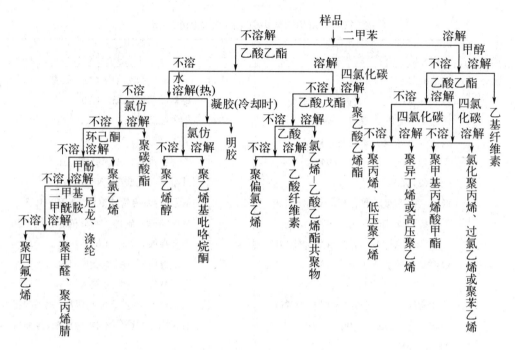

图 36-2　聚合物溶解性能鉴别

6. 根据元素定性分析来鉴别

　　很多聚合物都含有相同的几种元素，因此元素分析只起一部分的样品分类作用，或在配合其他试验方法（如溶解性试验和燃烧试验）时提供一些结构上的信息。一般只需分析样品中的杂元素即可。通常杂元素的鉴别可以采用经典的钠熔法，将约 0.05g 干燥的聚合物放入一支软质玻璃小试管内，加进一粒绿豆大小的新切的金属钠，加热数分钟直到试管底部呈暗红色。冷却后，小心地加入几滴乙醇以消耗残余的钠。再慢慢加热试管除去乙醇，而后用强火加热至暗红色，趁热将试管浸入盛有半杯蒸馏水的小烧杯中（约 20mL）。用玻璃棒搅动破碎的试管，然后滤出溶液，并将它分成若干份，按下列试验步骤分别检测硫、氯、氟、氮、磷、硅和氧。

　　（1）硫　将 1mL 滤液用乙酸酸化并加入几滴乙酸铅溶液，出现黑色沉淀表明有硫；在另一份滤液中加 2 滴亚硝基铁氰化钠溶液，如有硫存在就出现明显的紫红色。

　　（2）氯　将 1mL 滤液与稀硝酸一起煮沸，加入硝酸银溶液，如出现白色沉淀并可溶于氢氧化铵，表明有氯存在（溴或碘产生黄色沉淀）。

　　（3）氟　将 1mL 滤液用乙酸酸化，加热至沸腾，冷却后加入 2 滴饱和氯化钙溶液，如果有氟存在即生成胶状沉淀悬浮于溶液中；另一种检测氟的办法是采用锆-茜素试纸，红色试纸上出现黄色表明有氟。

　　（4）氮　在 1mL 滤液中加入 2 滴新鲜的饱和硫酸亚铁溶液，煮沸 1min，如有硫存在，滤去硫化铁沉淀。待滤液冷却后，再加入 1 滴 5% 的硫酸铁溶液，并用稀盐酸酸化直到氢氧化铁恰好溶解。如有氮存在，会有蓝绿色展开，过一会就会变成普鲁士蓝沉淀。

（5）磷　将一份滤液用浓硝酸酸化，加入几滴钼酸铵溶液，加热至沸腾，若有磷存在（酪素树脂）就形成黄色沉淀。

（6）硅　将30～50mg的样品与100mg无水碳酸钠和10mg过氧化钠在铂或镍制的小坩埚中混合均匀，然后在火上加热使之熔化。冷却后，将坩埚中的物质溶于数滴水中，并迅速加热至沸腾，用稀硝酸中和，然后加入1滴钼酸铵并加热之，待溶液冷却后，加入1滴联苯胺溶液（50mg联苯胺溶于10mL的5%乙酸中，再用水稀释到100mL）和1滴饱和乙酸钠水溶液。如有蓝色出现，表明样品中含硅。

（7）氧　目前还没有一种简单和直接的方法来检测氧。含有除碳、氢、氧以外元素的聚合物，可根据其所含元素，可能分属于表36-2中的各类聚合物。

表 36-2　按聚合物中所含杂元素的分类

杂　元　素					
卤素	氨	硫	硅	氨、硫	氨、硫、磷
聚氯乙烯 氯乙烯-偏氯乙烯共聚物 氯化橡胶 聚氟代烃 橡胶盐酸盐	聚酰胺 聚酰亚胺 聚氨酯 聚脲 氨基塑料 聚丙烯腈及其共聚物 聚乙烯咔唑 聚乙烯吡咯烷酮 硝酸纤维素	聚硫橡胶 硫化橡胶	有机硅 聚硅氧烷	硫脲缩合物 硫酰胺缩合物	酪朊树脂

三、实验仪器及样品

电炉、水浴和油浴各一个，试管10支，烧杯、玻璃棒等。各种聚合物样品若干。

四、实验步骤

1. 做已知样品的燃烧试验、溶解度试验，训练基本操作。

2. 取两种给定的未知样品，通过观察外观，初测其密度范围，通过燃烧观察火焰颜色及辨别其气味，结合溶解性的试验鉴定其是何种聚合物。

五、结果及讨论

1. 记述已知聚合物燃烧试验时的火焰颜色、现象及气味。

2. 记述已知聚合物溶解度试验所用的溶剂、加热的温度及现象。

3. 记述未知样品鉴定的方法、步骤及鉴定的结果，并加以讨论结果是否合理。

【附1】一些聚合物的显色试验

试验方法是将5mg左右聚合物试样放入洁净的硬质试管中，用小火加热试管底部，试样裂解后放冷，加1滴浓盐酸，观察溶液颜色，滴加10滴1%的对二甲氨基苯甲醛甲醇溶液，观察溶液颜色，再依次加0.5mL左右的浓盐酸和蒸馏水后，分别观察溶液颜色变化。见表36-3。

表 36-3   一些聚合物的显色情况

样品名称	加浓盐酸后	加 1%对二甲氨基苯甲醛甲醇溶液后	再加浓盐酸后	加蒸馏水后
聚丙烯	淡黄色～黄褐色	鲜艳的紫红色	颜色变淡	颜色变淡
聚乙烯	无色～淡黄色	无色～淡黄色	无色	无色
聚甲基丙烯酸甲酯	黄棕色	蓝色	紫红色	变淡
聚碳酸酯	红色～紫红色	蓝色	紫红色～红色	蓝色
聚苯乙烯	无色	无色	无色	乳白色
尼龙-66	淡黄色	深紫红色	棕色	乳紫红色
环氧树脂（固化）	无色	紫红色	淡紫红色～乳粉红色	变淡
环氧树脂（未固化）	无色	微浑浊	乳白色～乳粉红色	乳白色
涤纶	无色	乳白色	乳白色	乳白色
醋酸纤维素	棕褐色	棕褐色	棕褐色	淡棕褐色
酚醛树脂	无色	微浑浊	乳白色～粉红色	乳白色
不饱和醇酸树脂（固化）	无色	淡黄色	微浑浊	乳白色
聚甲醛	无色	淡黄色	淡黄色	变得更淡

【附2】常见橡胶的显色试验

试验方法是把橡胶样品进行热裂解，在裂解后的蒸馏液中先加入对二甲基胺苯甲醛指示剂，然后加入溴酚蓝与酸性间苯胺黄混合指示剂，即分别产生不同的颜色，见表 36-4。

表 36-4   常见橡胶的显色鉴别

橡胶品种	对二甲基胺苯甲醛		溴酚蓝和酸性间苯胺黄
	原来颜色	加热后颜色	
空白	淡黄	淡黄	绿色
天然橡胶	褐色	紫蓝	绿色
丁苯橡胶	黄绿	绿色	绿色
丁腈橡胶	橙红	红色	绿色
氯丁橡胶	黄色	淡黄绿	红色
异丁橡胶	黄色	淡蓝绿	绿色
聚氯乙烯胶	黄色	黄色	红色
聚乙酸乙烯	黄色	淡黄色	黄色

思考题

1. 为什么定性鉴别聚合物时要同时做燃烧试验和溶解度试验？
2. 试剂和聚合物之间溶度参数相近就足以保证两者相容吗？在什么情况下，可应用溶度参数相近的原则来判别聚合物的溶解性能？
3. 晶态与非晶态的聚合物溶解过程有何区别？

 参考文献

[1] 陈建侯. 塑料的系统鉴定法. 北京：科学出版社，1958.
[2] [美]麦卡弗里 E L.高分子化学实验室制备. 蒋硕健，王盈康，等译. 北京：科学出版社，1981.
[3] 顾庆超. 鉴别 PP 和 PE 的简捷方法. 南京大学学报：自然科学版，1982，（2）.
[4] [德]布劳恩 D.塑料简易鉴定法. 叶丽梅，译. 广州：中山大学出版社，1987.
[5] 朱善农. 高分子材料的剖析. 北京：科学出版社，1988.
[6] 冯开才，等. 高分子物理实验. 北京：化学工业出版社，2004.

附 录

I 塑料、橡胶、纤维的缩写语

缩 写	塑料/纤维/橡胶（中）	塑料/纤维/橡胶（英）
ABS	丙烯腈-丁二烯-苯乙烯共聚物	Acrylonitrile-butadien-styrene copolymer
A/MMA	丙烯腈-甲基丙烯酸甲酯共聚物	Acrylonitrile-methyl methacrylate copolymer
A/S	丙烯腈-苯乙烯共聚物	Acrylonitrile-styrene copolymer
BR	聚丁二烯	Poly（butadiene）
CA	乙酸纤维素	Cellulose acetate
CAB	乙酸-丁酸纤维素	Cellulose acetobutyrate
CAP	乙酸-丙酸纤维素	Cellulose acetopropionate
CF	甲酚-甲醛树脂	Cresol/formaldehyde resin
CIR	顺式聚异戊二烯橡胶	Cis-polyisoprene rubber
CMC	羧甲基纤维素	Carboxymethyl cellulose
CN	硝化纤维素	Cellulose nitrate
CNR	羧基亚硝基橡胶	Carboxynitroso rubber
CP	丙酸纤维素	Cellulose propionate
CPVC	氯化聚氯乙烯	Chlorinated poly（vinyl chloride）
CR	氯丁橡胶	Poly（chloroprene）
CS	酪朊树脂	Casein
EC	乙基纤维素	Ethyl cellulose
EP	环氧树脂	Epoxide resin
E/P	乙烯-丙烯共聚物	Ethylene-Propylene Copolymer
E/P/D	乙烯-丙烯-二烯三元共聚物	Ethylene-propylene-dinen terpolymer
E/VAC	乙烯-乙酸乙烯酯共聚物	Ethylene-vinyl acetate copolymer
HR	丁基橡胶	Butyl rubber
MC	甲基纤维素	Methyl cellulose
NBR	丁腈橡胶	Elastomers from acrylonitrile and butadiene
NR	天然橡胶	Natural rubber
PA	聚酰胺	Polyamides
PAN	聚丙烯腈	Poly（acrylonitrile）
PB	聚 1-丁烯	Poly1-butene

缩　写	塑料/纤维/橡胶（中）	塑料/纤维/橡胶（英）
PC	聚碳酸酯	Polycarbonate
PCTFE	聚三氟氯乙烯纤维	Poly （trifluorochloroethylene） fiber
PDAP	聚邻苯二甲酸二丙烯（醇）酯	Poly （diallyl phathalate）
PDMS	聚二甲基硅氧烷	Poly （dimetbyl siloxane）
PE	聚乙烯	Poly ethylene
PEC	氯化聚乙烯	chlorinated polyethylene
PEOX	聚氧化乙烯	Poly （ethylene oxide）
PETP	聚对苯二甲酸乙二（醇）酯	Poly （ethylene terephthalate）
PF	酚/醛树脂	Phenol/formaldehyde resin
PIB	聚异丁烯	Poly （isobutylene）
PMMA	聚甲基丙烯酸甲酯	Poly （methyl methactylate）
PO	聚氧基树脂	Phenoxy resin
POM	聚氧化甲烯，聚甲醛	Poly （oxymethylene）
PP	聚丙烯	Polypropylene
PPC	氯化聚丙烯	chlorinated polypropylene
PPO	聚苯醚，聚亚苯基醚	Poly （phenylene oxide）
PS	聚苯乙烯	Poly （styrene）
PSU	聚砜	Polysulfone
PTFE	聚四氟乙烯	Poly （tetrafluoroethylene）
PUR	聚氨酯	Polyurethane
PVAC	聚乙酸乙烯酯	Poly （vinyl acetate）
PVAL	聚乙烯醇	Poly （vinyl alcohol）
PVB	聚乙烯醇缩丁醛	Poly （vinyl butyral）
PVC	聚氯乙烯	Poly （vinyl chloride）
PVCA	氯乙烯-乙酸乙烯酯共聚物	Poly （vinyl chloride-acetate）
PVDC	聚偏（二）氯乙烯	Poly （vinylidene chloride）
PVDF	聚偏（二）氟乙烯	Poly （vinylidene fluoride）
PVF	聚氟乙烯	Poly （vinyl fluoride）
PVFM	聚乙烯醇缩甲醛	Poly （vinyl formal）
PVP	聚乙烯基吡咯烷酮	Poly （vinyl pyrrolidone）
RF	间苯二酚甲醛树脂	Resorcinol-formlaldehyde resin
S/AN	苯乙烯-丙烯腈共聚物	styrene-acrylonitrile copolymer
SBR	苯乙烯和丁二烯共聚的弹性体	Elastomer from styrene and butadiene
S/MS	苯乙烯-α-甲基苯乙烯共聚物	styrene-α-methylstyrene copolymer
SI	聚硅氧烷	Silicones
UF	脲醛树脂	Urea/formaldehyde resin
UP	不饱和树脂	Unsatutated polyester

注：引自中华人民共和国标准 GB 1844—80（塑料、纤维）及国际标准化协分（ISO）DR1252。

II　常用溶剂的纯化方法

1. 蒸馏水（沸点 100℃）

　　将普通蒸馏水在全部磨口的蒸馏装置中蒸馏一次得一次蒸馏水。在每升一次蒸馏水中加入 0.5g 氢氧化钠，0.2g 化学纯高锰酸钾，在全部磨口仪器中再蒸馏，取中间的馏分得二次蒸馏水。在每升二次蒸馏水中加数滴硫酸，用相同方式蒸馏得三次蒸馏水。

2. 丙酮（沸点 56.5℃）

　　普通丙酮中常含有少量水、甲醇及乙醛等杂质，可用下法精制。

　　方法 1：在丙酮中加入少量高锰酸钾（质量分数约 0.5%），加热回流。若紫色消失，再补加少许高锰酸钾，直至紫色不褪为止。用无水碳酸钾或无水硫酸钙干燥、过滤、分馏、收集 55~56.5℃的馏分。

　　方法 2：在 1000mL 丙酮中加入 40mL 质量分数为 10%硝酸银溶液及 35mL 0.1mol/L NaOH 溶液，振荡 10min，除去还原性杂质，过滤，滤液用无水硫酸钙干燥后，蒸馏收集 55~56.5℃馏分。

3. 苯（沸点 80.2℃）

　　将苯用浓硫酸洗涤数次以除去噻吩，然后依次用水、质量分数为 10%碳酸钠溶液、水洗涤，用无水氯化钙干燥后分馏，收集 80℃馏分。若需绝对无水，需加入金属钠干燥。（甲苯的纯化与苯同。）

4. 四氢呋喃（沸点 65.4℃）

　　市售的四氢呋喃常含有水及过氧化物，与水的恒沸物在 63.2℃沸腾并含有质量分数为 94.6%四氢呋喃。将市售的四氢呋喃先用氯化钙干燥，过滤后加入质量分数为 0.3%氯化亚铜，回流 30min 后蒸馏，再用氢化铝锂在隔绝潮气下回流可除去过氧化物，然后常压蒸馏。不宜蒸干，应剩下少许在蒸馏瓶中。精制后的四氢呋喃应尽快使用。若要保存应加进钠丝，瓶塞连有通大气的氯化钙干燥管。（四氢呋喃中的过氧化物可用酸化的碘化钾溶液检验）

5. 环己烷（沸点 80.8℃）

　　环己烷中常含有苯，可用冷浓硫酸与浓硫酸的混合液洗涤数次，使苯硝化后溶于酸层而除去，然后用水洗、干燥后分馏。

6. 氯仿（沸点 61.2℃）

　　氯仿在空气和光的作用下，分解成剧毒的光气。一般加入质量分数为 1%乙醇作为稳定剂。纯化的方法是：先用酚钠洗除光气，用水洗去多余的酚钠，然后依次用体积分数为 5%的硫酸、水，稀氢氧化钠、水洗涤以除去乙醇。用无水氯化钙干燥后蒸馏。（注意：氯仿及卤代烷不能用金属钠干燥，否则会发生爆炸）

7. 1，2-二氯乙烷（沸点 83.7℃）

1，2-二氯乙烷可与水组成恒沸物。纯化方法是：依次用浓硫酸、水、稀碱溶液、水洗涤，用无水氯化钙或五氧化二磷干燥后分馏，收集 83～83.7℃馏分。

8. *N*，*N*-二甲基甲酰胺（沸点 153℃）

市售 *N*，*N*-二甲基甲酰胺中主要含有胺、氨、醛和水。纯化方法是：①在 25g*N*，*N*-二甲基甲酰胺中加入 30g 苯和 12g 水，先在常压蒸馏除去苯、水、胺和氨，然后减压蒸馏，收集 76℃/（36mmHg）（1mmHg=133.3Pa）的馏分。②若含水较少，可直接用 4A 型分子筛干燥 12h 以上再行减压蒸馏。（*N*，*N*-二甲基甲酰胺常压蒸馏会部分分解为二甲胺与一氧化碳，若有酸或碱存在，分解加快）

9. 无水乙醇（沸点 78.3℃）

因乙醇与水形成恒沸物，通常含有质量分数为 5%的水，需要脱水剂除水后，再行蒸馏提纯。方法是：将 100mL 普通乙醇和 20g 生石灰混合，再加入 1g 氢氧化钠，回流 1h（回流冷凝管口装上氯化钙干燥管），然后蒸馏，可得 99.5%的乙醇。

若想再提高纯度，可将上述乙醇再行处理。方法是：①在 1L 圆底烧瓶中放置 2～3g 干燥洁净的镁条、数粒碘，加入 30mL 质量分数为 99.5%乙醇，装上回流冷凝管，冷凝管口装上氯化钙干燥管，以沸水加热，保持微沸，待反应完全后，由冷凝管口加入 500mL 质量分数为 99.5%乙醇，加热回流 1h，然后蒸出乙醇。此法可得到质量分数为 99.95%的乙醇。②将 1.4g 金属钠溶解在 200mL 质量分数为 99%以上的乙醇中，再加入 5.5g 邻苯二甲酸二乙酯，回流 30min 后，蒸馏，可得无水乙醇。

10. 石油醚

石油醚是烷烃和脂环烃的混合物，有 30～60℃、60～90℃、90～120℃三种沸程。通常含有少量烯烃和芳香烃。为除去烯烃，可用浓硫酸洗涤 2～3 次，再用高锰酸钾的质量分数为 10%硫酸溶液洗涤至高锰酸钾的颜色不褪为止。为除去芳烃，再用发烟硫酸（含质量分数为 8%～10%SO$_3$）小心振荡洗涤 1 次。然后依次用水、质量分数为 10%氢氧化钠溶液、水各洗涤 1 次，经无水氯化钙干燥后，蒸馏收集所需馏分。若需绝对干燥的石油醚可用钠丝干燥。

Ⅲ　聚合物沉淀分级常用的溶剂和沉淀剂

附Ⅲ表1

聚合物	溶剂/沉淀剂	聚合物	溶剂/沉淀剂
聚丁二烯	苯/甲酮、甲醇、正丁醇；甲苯/甲醇、乙醇、正丁醇；四氢呋喃/水	聚甲氧基乙烯[聚乙烯　基甲基醚]	苯/正己烷、庚烷
		聚丁氧基乙烯	苯/甲醇
		聚异丁氧基乙烯	甲苯-丁酮（1∶1）/乙醇

续表

聚合物	溶剂/沉淀剂	聚合物	溶剂/沉淀剂
氯丁橡胶	苯/丙酮、甲醇	聚丙烯腈	二甲基甲酰胺/乙醇、庚烷、庚烷-乙醚（1∶1）；二丁基醚羟乙腈/苯-乙醇
聚异戊二烯橡胶	苯/正丁醇、异丙醇；苯/丙酮、正丁醇、甲醇、异丙醇	聚乙烯醇	水/丙酮、丙酮-丙醇、正丙醇、乙酸甲酯-甲酯（3∶1）；乙醇/苯
杜仲胶	苯/乙醇		
苍绂胶	氯仿/丙酮	聚三氟氯乙烯	1-三氟甲基-2，5-氯化苯/邻苯二甲酸二乙酯
氧化橡胶	甲苯/沸腾甲醇	聚氯乙烯	环己烷/丙酮；硝基苯/甲醇；四氢呋喃/乙醇、甲醇、水、庚烷-四氯化碳（9∶1）；环己酮/正丁醇、乙二醇、甲醇、甲醇-水、汽油-四氯化碳（9∶1）；丙酮-氯苯-环己烷/甲醇
聚（1，3-戊二烯）	苯/2-丁酮		
聚（1，1，2-三氯丁二烯）	苯/石油醚		
聚乙基乙[烯聚丁烯（1）]	环己烷/丙酮		
聚异丁烯[聚1,1-二甲基乙烯]	苯/丙醇、甲醇；环己烷/丁酮；庚烷/乙醇；甲苯/甲醇		
聚乙烯	苯、甲苯、二甲苯/聚乙烯氧；甲苯、二甲苯/正丙醇；α-氯代萘/邻苯二甲酸二丁酯二甲苯/丙二醇	聚氟乙烯	二甲基甲酰胺/水
		聚乙酸乙烯酯	丙酮/水、水-甲醇（1∶1）、己烷、正庚烷、戊烷、各种石油醚；苯/异丙醇、各种石油醚；苯/氯苯、丁酮；乙酸乙烯酯/环己烷；甲醇/水
聚丙烯（无规）	苯/甲醇、丙酮；环己烯/丙酮		
聚（丙基乙烯）[聚戊烯（1）]	甲苯/甲醇		
聚丙烯酰胺	水/甲醇、异丙醇	聚氯代苯乙烯	丁酮、苯/甲醇
聚丙烯酸	甲醇/水	聚间甲基苯乙烯	苯/甲醇
聚丙烯酸乙酯	丙酮/水-甲醇（1∶5）、甲醇	聚对甲基苯乙烯	丁酮/乙醇
聚丙烯酸甲酯	丙酮/水-甲醇，2-丁酮/甲醇	聚 α-甲基苯乙烯	苯、甲苯/甲醇
聚丙烯酸丙酯	丙酮/甲醇	聚苯乙烯（无规）	α-丁酮-丙酮/甲醇；苯/甲醇、乙醇、正丙醇、丁醇；氯仿/甲醇；四氯化碳/乙醇；甲苯/正癸烷、甲醇、石油醚、聚乙烯氯
聚丙烯酸丁酯	丙酮/甲醇		
聚甲基丙烯酸丁酯	丙酮/甲醇、水		
聚甲基丙烯酸乙酯	丙酮/丙酮-水（4∶1）；苯/正己烷		
聚甲基丙烯酸异丁酯	丙酮/甲醇		

聚合物	溶剂/沉淀剂	聚合物	溶剂/沉淀剂
聚甲基丙烯酸	甲醇/乙基醚、甲基异丁基酮	聚苯乙烯（无规）	丁酮/甲醇、正丁醇、甲醇-水（1:3）、异丙醇
		聚苯乙烯（顺同立构）	苯、十氢萘/甲醇
聚甲基丙烯酸甲酯	丙酮/水、石油醚、甲醇、正庚烷、己烷；苯/环己烷、正庚烷、异丙醇、甲醇、石油醚	聚苯磺酸钠盐	4mol/L 的碘化钠水溶液/9mol/L 的 NaI 水溶液
聚乙烯基吡啶	苯/正己烷；甲醇/乙基醚-苯（4:1）、水、甲苯	尼龙-6	甲酚/甲醇； 间甲氧甲酚/环己烷、乙醚、汽油； 苯酚-四氯乙烯（1:1）/正庚烷；苯酚/水
聚乙烯基吡咯烷酮	四氢呋喃/正庚烷；氯仿/乙醚；乙醇/苯、石油醚；水/丙酮；二氯甲烷/石油醚		
p-甲氧甲酚甲醛树脂	苯、甲苯、四氢呋喃/石油醚； 苯/甲醇；二噁烷、二氯乙烷、三氯乙烷/甲醇、乙醇，正丙醇、正丁醇、乙醚	尼龙-610	苯酚/水
		尼龙-10	苯酚/水
		ε 氨基己酸-己二酸-己二胺共缩聚物	苯酚/水
苯酚-甲醛树脂	丙酮-甲醇/石油醚； 丙酮/石油醚，稀硫酸；甲醇/水、稀硫酸；二噁烷、二氯乙烷、三氯乙烷/甲醇、乙醇，正丙醇、正丁醇、乙醚	聚丁基乙烯基砜	丙酮/甲醇
		聚苯基乙烯基砜	四氢呋喃/甲醇
		聚砜	二甲基亚砜80℃降温
		聚羟砜醚	N-甲基吡咯烷酮/无水乙醇
		聚硫橡胶	苯/甲醇
酚醛树脂	乙醇-水（1:1）/甲醇	聚二乙烯基四甲基硅氧烷	丁醇/甲醇
聚氧化乙烯[聚环氧乙烷]	苯/乙醚、正庚烷、正己烷、异辛烷	聚甲基硅氧烷	苯、乙酸乙酯/甲醇；丁酮/甲醇
聚苯醚（PPO）	氯仿、甲苯/甲醇	聚苯基硅氧烷	苯/甲醇
聚氧化乙基乙烯	苯/甲醇	聚甲基-苯基硅氧烷	甲苯/异丙醇
聚氧化甲烯[聚甲醛]	二甲基甲酰胺 106～123.5℃	多糖	水/氯化钠
聚氧化丙烯[聚环氧丙烯]	异丙醇、甲醇/水	直链淀粉	丙酮/水
		再生纤维素	8%氢氧化钠/丙酮-水

聚合物	溶剂/沉淀剂	聚合物	溶剂/沉淀剂
聚乙醛	用甲醇、氯仿、苯等抽提法分级	硝化纤维素	丙酮/水、甲醇-水（9∶1）、石油醚、丙酮-水、轻石油、正己烷、正庚烷；乙酸乙酯/正庚烷；乙酸乙酯-丙酮/丙酮-水
聚氧化-1，2-环己烯	苯/甲醇		
聚环氧癸烷	苯/甲醇		
聚溴代环氧己烷	丁酮（28℃相分离）	乙酸纤维素	丙酮/乙醇、水、正庚烷、乙酸丁酯
聚氧化苯乙烯	苯/异辛烷		
聚环氧丁烷	苯/甲苯/甲醇	乙基纤维素	乙酸甲酯/丙酮-水（1∶3）；苯-甲醇/庚烷
聚碳酸酯	氯化甲烷/正庚烷、甲醇；四氢呋喃/甲醇		
脂肪聚酯类	苯/甲醇	三硝基纤维素	丙酮/水-丙酮、乙烷丙酮-乙醇（5∶3）/己烷
聚己二酸甘油醇酯	苯/石油醚	羟乙基纤维素	水/丙酮
聚己二酸缩乙二醇酯	氯仿/正己烷	羟丙基纤维素	乙醇/正庚烷
聚月桂酸甘油醇酯	甲苯/正庚烷	淀粉	百里酚/正丁醇
聚对苯二甲酸乙二醇酯	邻氯苯酚/正庚烷；苯酚-四氯乙烷（1∶1）/正庚烷、汽油		
聚 ω-羧基十一酸	苯/甲醇		
聚 ω-羟基乙酸	苯/正庚烷、异辛烷、石油醚		
聚异氰酸丁酯	四氯化碳/甲醇		
尼龙-66	间甲氧甲酚/环己烷苯酚、甲酸/水		

附Ⅲ表 2

无规共聚物	溶剂/沉淀剂	无规共聚物	溶剂/沉淀剂
丙烯腈-丁二烯	苯、丁酮/甲醇，二甲基甲酰胺/二丁基醚	乙烯-α-甲基苯乙烯	苯/乙醇
丙烯腈-甲基丙烯酸甲酯	二甲基甲酰胺/正己烷-乙醚（2∶1）、正己烷、苯；丙酮/甲醇	乙烯-丙烯	苯/丁酮；庚烷/丙醇；丁基醚/丁醇；二甲苯/二甲基甲酰胺

无规共聚物	溶剂/沉淀剂	无规共聚物	溶剂/沉淀剂
丙烯腈-丙烯酸甲酯	二甲基甲酰胺/庚烷-乙醚（1:1）二丁基醚	乙烯-乙酸乙烯	苯/异丙醇；α-氯萘/20%邻苯二甲酸二甲酯
丙烯腈-苯乙烯	丁酮/环己烷；氯仿/甲醇；四氢呋喃/石油醚	甲基丙烯甲酯-甲基丙烯酸	丙酮/石油醚-丙酮（4:1）
丙烯腈-氯乙烯	丙酮/甲醇	甲基丙烯酸甲酯-丙烯酸甲酯	丙酮/甲醇
丙烯腈-偏氯乙烯	四氢呋喃/正庚烷	甲基丙烯酸甲酯-苯乙烯	丁酮、苯/甲醇
丁二烯-异戊二烯	苯/甲醇		
丁二烯-丙烯	苯/丁酮、甲醇	乙酸乙酯-氯乙烯	四氢呋喃/水
丁二烯-苯乙烯	苯/丙酮、甲醇	丙烯腈-甲基乙烯基吡啶-乙酸乙酯	二甲基甲酰胺/正己烷-乙醚
SBR	甲苯/乙醇、甲醇	丙烯腈-甲基苯乙烯-乙酸乙酯	二甲基甲酰胺/正庚烷
氯丁/二氯丁二烯	苯/甲醇		
对氯苯乙烯-甲基丙烯酸甲酯	苯/甲醇	甲基丙烯酸甲酯-乙酸乙酯	苯/甲醇

附Ⅲ表3

接枝共聚物	溶剂/沉淀剂	接枝共聚物	溶剂/沉淀剂
甲基丙烯酸丁酯-聚乙酸乙烯酯	丙酮/甲醇-水（1:1）	乙酸乙烯酯-聚甲基丙烯酸丁酯	丙酮/甲醇-水（1:1）
甲基丙烯酸乙酯-氯化橡胶	丁酮/甲醇		
丙烯酸甲酯-氯化橡胶	丁酮/甲醇	乙酸乙烯酯-聚甲基丙烯酸甲酯	丙酮/甲醇、甲醇-水（1:1）
丙烯酸甲酯-聚氯乙烯	丁酮/甲醇		
甲基丙烯酸甲酯-聚苯乙烯	丁酮/甲醇	乙酸乙烯酯-聚苯乙烯	丁酮/甲醇
甲基丙烯酸甲酯-聚苯乙烯	苯-氯苯（1:1）/石油醚丙/甲醇-水（1:1）	甲基丙烯酸甲酯-聚氧化二烯	氯仿/乙醚
甲基丙烯酸甲酯-橡胶	丙酮/己烷	丙烯腈-乙酸纤维素	二甲基甲酰胺/氯仿

续表

接枝共聚物	溶剂/沉淀剂	接枝共聚物	溶剂/沉淀剂
甲基丙烯酸甲酯-聚乙酸乙烯酯	丙酮/甲醇-水（1∶1），甲醇-水（1∶2）	氧化乙烷-乙酸纤维素	二甲基酰胺/乙醚
甲基丙烯酸甲酯-聚乙烯醇	苯/正丁醇	异戊二烯-甲基丙烯酸甲酯	二氯甲烷（+HCl）/甲醇（+HCl）
甲基丙烯酸甲酯-聚氯乙烯	丁酮/甲醇；二噁烷/甲醇	甲基丙烯酸甲酯-乙酸纤维素	氯仿/乙醚；（95%吡啶∶5%丙酮）/水
苯乙烯-聚乙烯	甲苯/甲醇		
苯乙烯-聚异丁烯	环己烷/正丙醇		
苯乙烯-聚甲基丙烯酸	氯仿/甲醇	甲基丙烯酸甲酯-乙基纤维素	丙酮/甲醇
苯乙烯-聚乙酸乙烯酯	苯/石油醚		
苯乙烯-聚甲基丙烯酸甲酯	苯-丙酮（1∶1）/甲醇 苯-氯苯（1∶1）/石油醚 苯-石油醚/甲醇	苯乙烯-纤维素	二噁烷/甲醇
		苯乙烯-乙酸纤维素	氯仿/正庚烷；吡啶/HCl水溶液
苯乙烯-聚氯乙烯	苯/甲醇；四氢呋喃/甲醇、石油醚、水	氯乙烯-聚甲基丙烯酸甲酯	二噁烷/甲醇
		甲基丙烯酸甲酯-苯乙烯	苯-氯苯（1∶1）/石油醚

附Ⅲ表4

嵌段共聚物	溶剂/沉淀剂	嵌段共聚物	溶剂/沉淀剂
丙烯酰胺-甲基丙烯酸甲酯	水/先用甲醇，后用水	甲基丙烯酸甲酯-乙酸乙烯酯	丙酮/水
异丁烯-苯乙烯	苯/异丙醇；环己烷/正丙醇		
异戊二烯-酚醛清漆树脂	丙酮/水		
苯乙烯-丁二烯	苯/丁酮	甲基丙烯酸甲酯-苯乙烯	丙酮/水；苯/甲醇
苯乙烯-氧化乙烯	氯仿/水		
苯乙烯-氧化丙烯	苯/甲醇		

附Ⅲ表5

共混聚合物	溶剂/沉淀剂
乙酸纤维素+聚氧化乙烯	二甲基甲酰胺/乙醚
聚甲基丙烯酸甲酯+聚苯乙烯	苯/甲醇

注：1.Polymer Hand book. 2nd. Ed. Ⅳ，175～221.

2. 钱人元等. 高聚物的分子量测定. 北京：科学出版社，1965.

Ⅳ　常用溶剂的物理常数

名称	化学结构	分子量 M_r	熔点 T_m/°C	沸点 T_b/°C	偶极矩 $\mu/10^{18}$D	密度 $\rho/$ (g/cm³)		黏度 $\eta/$ (mPa·s)			溶度参数 δ /(MJ$^{\frac{1}{2}}$/m$^{\frac{3}{2}}$)	n_D^{20}
						20°C	30°C	20°C	25°C	30°C		
正己烷	CH₃(CH₂)₄CH₃	86.177	−95.3	68.7	0	0.65937	0.6505	0.318		0.278	14.9	1.37226
正庚烷	CH₃(CH₂)₅CH₃	100.203	−90.6	98.43	0	0.68376	0.6751	0.411		0.364	15.1	1.38512
正辛烷	CH₃(CH₂)₆CH₃	114.23	−56.8	125.67	0	0.70253	0.6942	0.5458		0.472	15.5	1.39505
环己烷	⬡	84.161	5.554	80.74	0	0.77855	0.76928	0.970		0.820	16.7	1.42354
二异丁烯	(CH₃)₂C=CHC:CH₃)₃	112.21				15/4 0.715	0.71225				15.7	1.407
1-己烯	CH₂=CH(CH₂)₃CH₃	84.16	−98.5	63.5	0	0.6732					15.1	
苯	⬡	78.113	5.533	80.10	0	0.87368	0.86836	0.649		0.569	18.7	1.49790
甲苯	⬡—CH₃	92.167	−94.991	110.62	0.43	0.8669	0.85769		0.5516	0.526	18.2	1.49413
乙苯	⬡—CH₂CH₃	106.167	−94	136.2	0.35~0.58	0.867			0.64		17.85	1.4959
邻二甲苯	⬡(CH₃)(CH₃)	106.167	−25.2	144.4	0.44~0.62	0.880		0.810		0.56 (50°C)	18.4	1.5055 (20°C)
间二甲苯	⬡(CH₃)(CH₃)	106.167	−47.9	139.1	0.30~0.46	0.864		0.620		0.443 (50°C)	18.0	1.4972 (20°C)
对二甲苯	CH₃—⬡—CH₃	106.167	13.26	138.35	0~0.23	0.86105	0.8523	0.648		0.568	17.95	1.49325 (25°C)

续表

名称	化学结构	分子量 M_r	熔点 T_m/°C	沸点 T_b/°C	偶极矩 $\mu/10^{18}$D	密度 ρ/(g/cm³) 20°C	30°C	黏度 η/(mPa·s) 20°C	25°C	30°C	溶度参数 δ/(MJ$^{\frac{1}{2}}$/m$^{\frac{3}{2}}$)	n_D^{20}
四氢萘	（顺 反）	132.205	31.5 −36	207.6	0.49~1.67	0.971 0.870	0.9662 (25°C)	2.202	2.003		19.4	1.53919 (25°C)
苯乙烯	—CH=CH₂	104.151	−30.6	145.2	0~0.56	0.9063			0.70		19.0	1.5468
十氢萘	（顺 反）	138.252	−43.01 −30.4	195.65 187.25	1.0~1.55	0.896 0.870			2.415		17.95	1.4810 1.4695
三氯甲烷	CHCl₃	119.378	−63.55	61.15		1.4892	1.4706	0.568		0.514	19.0	1.4455
四氯化碳	CCl₄	153.823	−22.99	76.75	0	1.5940	1.5748	0.965		0.843	17.5	1.45759 (25°C)
1,1-二氯乙烷	CH₃CHCl₂	98.96	−97.4	57.3	1.97~2.63	1.176			0.47		18.2	1.4164
1,2-二氯乙烷	ClCH₂CH₂Cl	98.96	−35.3	83.5	1.1~2.94	1.253			0.73		20.0	1.4448
1,1,2,2-四氯乙烷	Cl₂CHCHCl₂	167.850	−36	146.2	1.29~2.00	1.5953			1.75		19.8	1.4940
氯丙烷	CH₃CH₂CH₂Cl CH₃CHClCH₃	78.541	−122.8 −117	46.7 35.7	1.83~2.06	0.8909 0.8617			0.43		17.3	1.3879 1.3777
氯苯	（Cl）	112.559	−45.2	132.0	1.58~17.5	1.1066		0.80		0.57 (50°C)	19.4	1.5241
α-氯萘	（Cl）	162.618	−2.3	753 259		1.1938			4.52			1.6326
溴萘	（Br）	207.069	−6.2（α） −27（β）	281 139	1.29~1.59	1.483					21.6	1.658

续表

名称	化学结构	分子量 M_r	熔点 T_m/°C	沸点 T_b/°C	偶极矩 $\mu/10^{18}$D	密度 ρ/(g/cm³)		黏度 η/(mPa·s)			溶度参数 δ/(MJ$^{\frac{1}{2}}$/m$^{\frac{3}{2}}$)	n_D^{20}
						20°C	30°C	20°C	25°C	30°C		
乙醚	C₂H₅OC₂H₅	74.122	−116.3(α) −123(β)	34.48	1.15~1.30	0.71352	0.70205	0.242	0.224		15.1	1.35272(25°C) 1.3497
丙醚	C₃H₇OC₃H₇	102.18	−123	90	1.3	0.736 0.747			0.38		14.5	1.3805(25°C)
异丙醚	(CH₃)₂CHOCH(CH₃)₂	102.1779	−60	68	1.13~1.26	0.726			0.38		14.7	1.367(25°C)
苯甲醚	⟨苯环⟩—O—CH₃	180.13	−37	155	1.25 (1.40)	0.995			1.32		20.2	
四氢呋喃	⟨环状结构⟩	72.106	−65	64~66	1.48 (1.84)	0.8898	0.8811 (25°C)		0.36		20.2	1.4040(25°C)
二噁烷 (二氧杂环己烷)	⟨环状结构⟩	88.106	11.80	101.32		1.0337	1.0223	1.439 (15°C)		1.087	20.4	1.42025(25°C)
呋喃	⟨环状结构⟩	68.075	−85.7	31.4	0.63~0.72	0.9514			0.36		19.0	1.4214
环氧氯丙烷	CH₂—CH—CH₂Cl / O	92.525	dl, −48	dl, 116.6	1.8	dl1.1801; l1.2907			1.03~ 1.05		22.0	dl, 1.4361
二苯醚	C₆H₅OC₆H₅	170.210	26.8	258.3		1.075						1.5787
甲酸乙酯	HCOOC₂H₅	74.079	−80.5	54.5	1.94~2.01	0.9168		0.402		0.308 (50°C)	19.2	1.3598
甲酸丙酯	HCOOC₃H₇	88.106	−92.9	81.3	1.91	0.9058			0.46		19.2	1.3779
乙酸甲酯	CH₃COOCH₃	74.079	−98	57.3	1.45~1.75	0.9330			0.36		19.6	1.3593

续表

名称	化学结构	分子量 M_r	熔点 $T_m/°C$	沸点 $T_b/°C$	偶极矩 $\mu/10^{18}D$	密度 $\rho/(g/cm^3)$ 20°C	30°C	黏度 $\eta/(mPa·s)$ 20°C	25°C	30°C	溶度参数 δ $/(MJ^{\frac{1}{2}}/m^{\frac{3}{2}})$	n_D^{20}
乙酸乙酯	$CH_3COOC_2H_5$	88.106	-83.97	77.11	1.76~2.05	0.90063	0.88851	0.449		0.40	18.6	1.36979 (25°C)
乙酸丙酯	$CH_3COOC_3H_7$	102.133	-95	101.6	1.79~1.91	0.8878			0.55		17.95	1.3842
乙酸异丙酯	$CH_3COOCH(CH_3)_2$	102.133	-73.4	90	1.83~1.89	0.8718			0.47		17.5	1.3773
乙酸正丁酯	$CH_3COO(CH_2)_3CH_3$	116.160	-77.9 -73.5	126.11	1.82~1.9	0.8825	0.87636 (25°C)	0.734	0.688		17.3	1.39406
乙酸异丁酯	$CH_3COOCH_2CH(CH_3)_2$	116.160	-98.58	117.2	1.87~1.89	0.8712			0.65		15.9	1.3902
乙酸戊酯	$CH_3COOC_5H_{11}$	130.187	-70.8	149.3	1.72~1.93	0.8756				0.806 (50°C)	16.9	1.4023
乙酸异戊酯	$CH_3COO(CH_2)_2CH(CH_3)_2$	130.817	-78.5	142	1.76~1.86	0.8670			0.79		15.9	1.4003
乳酸丁酯	$CH_3CHCOOC_4H_9$ | OH	146.18	-43	160~190	1.9~2.4	0.968			3.18		19.2	1.4217 (25°C)
乙酸 α-乙氧基乙酯（乙酸溶纤剂酯）	$CH_3COO(CH_2)_2OCH_2CH_3$	132.16	-62	156	2.24~2.32	0.973			1.03~1.21		17.7	1.4023 (25°C)
碳酸亚乙基酯	（结构式）	88.063	(76) 39~40	(238)	1.0~4.90			1.3218 (39°C)				1.4158 (50°C)
碳酸1,2-丙二醇酯	（结构式）	102.09	-49	242	1.0~4.98	1.201			2.8		27.1	1.4209
丙酮	$CH_3-\overset{O}{\underset{\|}{C}}-CH_3$	58.08	-95.35	56.24	2.86~2.90	0.7908	0.77933	0.3371 (15°C)		0.2954	20.2	1.35609

续表

名称	化学结构	分子量 M_r	熔点 T_m/°C	沸点 T_b/°C	偶极矩 $\mu/10^{18}$D	密度 $\rho/$(g/cm³)		黏度 $\eta/$(mPa·s)			溶度参数 δ /(MJ$^{\frac{1}{2}}$/m$^{\frac{3}{2}}$)	n_D^{20}
						20°C	30°C	20°C	25°C	30°C		
2-丁酮	$CH_3-\overset{O}{\overset{\|}{C}}-CH_2CH_3$	72.106	−87.3	79.5	2.5~3.41	0.80473	0.79452	0.423 (15°C)		0.365	19.0	1.37612
3-戊酮	$CH_3CH_2-\overset{O}{\overset{\|}{C}}-CH_2CH_3$	86.13	−42	103	2.5~2.82	0.816	—		0.44		18.0	1.3939
2-己酮	$CH_3-\overset{O}{\overset{\|}{C}}-(CH_2)_3CH_3$	100.16	−57	127	2.5~2.75	0.808 0.812			0.58		17.5	1.395
甲基异丁基酮	$CH_3-\overset{O}{\overset{\|}{C}}-CH_2CH\overset{CH_3}{\underset{CH_3}{}}$	100.16	−85	115~119	2.7	0.802			0.54		17.1	1.394
环己酮	环己酮结构	98.14	−16.4	155.65		0.9462	0.93761	2.453 (15°C)		1.803	20.2	1.45097 (20°C)
丁内酯 (4-羟丁酸内酯)	丁内酯结构	86.09	−44	206	2.7~4.15	(1.129)			1.7		25.7	1.434
甲基苯甲基酮 (乙酰苯)	$\overset{O}{\overset{\|}{C}}-CH_3$（苯环）	120.14	20	202	2.6~3.4	1.026			1.620		19.60	1.5342
3,5,5-三甲基环己烯-2-酮-1 (异佛尔酮)	异佛尔酮结构	138.20	−8	215	3.99	0.923			2.62		18.6	
乙醛	CH_3CHO	44.053	−121	20.8	2.55	0.783			0.22		21.0	1.3316

续表

名称	化学结构	分子量 M_r	熔点 $T_m/°C$	沸点 $T_b/°C$	偶极矩 $\mu/10^{18}D$	密度 $\rho/(g/cm^3)$ 20°C	30°C	黏度 $\eta/(mPa·s)$ 20°C	25°C	30°C	溶度参数 δ /$(MJ^{\frac{1}{2}}/m^{\frac{3}{2}})$	n_D^{20}
三氯乙醛	Cl_3CCHO	147.58	−57.5	97.8		1.5127						1.45572 (20°C)
正丁醛	$CH_3CH_2CH_2CHO$	72.106	−99	75.7	2.45~2.74	0.817			0.46		18.36	1.3848 (20°C)
苯甲醛	（结构式）	106.12		180	2.72~2.99	(1.050)			1.39		19.6	1.5463
甲醇	CH_3OH	32	−97.49	64.51	1.7	0.7915	0.7819	0.5506		0.510	29.58	1.32663
乙醇	CH_3CH_2OH	46.068	−114.5	78.33	1.71	0.78934	0.78079	1.19		0.991	25.9	1.35941
丙醇	$CH_3CH_2CH_2OH$	60.095	−126.2	97.15	1.54~3.09	0.8035	0.7960	2.26		1.722	24.3	1.3835
异丙醇	$(CH_3)_2CHOH$	60.095	−89.5	82.4	1.48~1.80	0.785		2.37		1.331 (40°C)	23.5	1.3776 (20°C)
正丁醇	$CH_3CH_2CH_2CH_2OH$	74.122	−89.53	117.73	1.72~1.81	0.80961	0.80206	2.95		2.271	23.3	1.3970
异丁醇	$(CH_3)_2CHCH_2OH$	74.122	−108	108.1	1.42~2.96	0.802		3.95		1.61 (50°C)	21.4	1.3955 (20°C)
乙二醇	$HOCH_2—CH_2OH$	62.068	−11.5 (−11.6)	197.7	2.20~2.87	1.109		19.9			29.8	1.4318 (20°C)
α-丙二醇	CH_3CHCH_2OH 　OH	76.095		188	2.2~3.63	1.036			30		25.7　(30.2)	1.4324 (20°C)
丙三醇	$CH_2—CH—CH_2$ 　OH　OH　OH	92.094	20	290	2.3~4.2	1.261		1499		624	33.7	1.4735

续表

名称	化学结构	分子量 M_r	熔点 $T_m/°C$	沸点 $T_b/°C$	偶极矩 $\mu/10^{18}D$	密度 $\rho/(g/cm^3)$		黏度 $\eta/(mPa\cdot s)$			溶度参数 $\delta/(MJ^{\frac{1}{2}}/m^{\frac{3}{2}})$	n_D^{20}
						20°C	30°C	20°C	25°C	30°C		
环己醇	⬡—OH	100.160	25.5	161.1	1.3~1.9	0.962		68.0		1.21 (50°C)	23.3	1.4641 (20°C)
苯甲醇(苄醇)	⬡—CH$_2$OH	108.13	−15.3	205.45	1.67~1.79	1.04535	1.03765	2.996		4.650 (50°C)	24.1	1.5371
苯酚	⬡—OH	94.112	43	181.8	1.48~1.55	1.072	1.054 (45°C)	11.6		3.43 (50°C)	29.6	
间甲酚	CH$_3$⬡—OH	108.13	11.95	202.70	1.55~2.39	1.0341	1.02598			9.807	23.3	1.5433 (20°C)
α-甲氧基乙醇(甲基溶纤剂)	CH$_3$O—CH$_2$CH$_2$OH	76.09	−85	124	2.06~2.22	0.966			1.60		24.9	1.400
α-乙氧基乙醇(乙基溶纤剂)	C$_2$H$_5$O—CH$_2$CH$_2$OH	90.122	−90	135	2.10~2.24	0.930			1.85		24.5	1.4050
甲酸	HCOOH	46.026	8.4	101	1.20~2.09	1.220		1.784		1.03 (50°C)	24.7	1.3714 (20°C)
乙酸	CH$_3$COOH	60.053	16.6	118.1	0.38~1.92	1.049		0.90		0.62 (50°C)	20.4	1.3716 (20°C)
丙酸	CH$_3$CH$_2$COOH	74.079	−20.8	141.4		0.9930		1.10		0.75 (50°C)	20.2	1.3869 (20°C)
乙酸酐	(CH$_3$CO)$_2$O	102.089	−73	139.6	2.7~3.15	1.081			0.78		22.0	1.3904
马来酸酐(顺丁烯二酸酐)	CH—CO⟩O / CH—CO	98.058	60	197~199			1.314 (60°C)				27.7	
乙腈	CH$_3$CN	41.053	−41~−44	82	3.08~4.01	0.783			0.35		2.43	1.45409 (17°C)

续表

名称	化学结构	分子量 M_r	熔点 $T_m/°C$	沸点 $T_b/°C$	偶极矩 $\mu/10^{18}D$	密度 $\rho/(g/cm^3)$		黏度 $\eta/(mPa\cdot s)$			溶度参数 δ /(MJ$^{\frac{1}{2}}$/m$^{\frac{3}{2}}$)	n_D^{20}
						20°C	30°C	20°C	25°C	30°C		
丙烯腈	CH_2=CHCN	53.064	-83.5	77.5		0.806					24.3	1.3911 (20°C)
甲酰胺	HC(=O)—NH_2	45.041	2.6	211	3.25~3.86	1.1334			3.30		36.3	1.44754
二甲基甲酰胺	HC(=O)—N(CH_3)_2	73.094	-60.48	153.0	2.0~3.86	0.9487	0.9445 (25°C)		0.80		24.5	1.4269
二甲基乙酰胺	CH_3—C(=O)—N(CH_3)_2	87.121	-20	165		0.937 (25°C)					22.0	1.4384 (20°C)
四甲基脲	(CH_3)_2—N—C(=O)—N(CH_3)_2	116.162	-1	177		0.969					21.8	1.4509 (20°C)
吡啶	N (吡啶环)	79.10	-42	115	1.96~2.43	0.95	0.58 (60°C)		0.88			
吗啉（1,4-氧氮杂烷己烷）	O—NH	87.12	-4.8	128	1.49~1.75	1.001			1.79			1.4548 (20°C)
α-吡咯烷酮	NH	85.10	25	245~251	23~3.79	1.116			13.3		30.0	1.486
N-甲基-α-吡咯烷酮	N—CH_3	99.13	-16~-24	202	4.04~4.12	(1.028)			16.7		23.9	1.4680
丙烯酰胺	CH_2=CHCONH_2	71.079	84.5	125 (25mmHg①)			1.122					1.220
乙二胺	NH_2CH_2CH_2NH_2	60.098	8.5	117.2		0.900					25.1	1.4568 (20°C)

续表

名称	化学结构	分子量 M_r	熔点 $T_m/°C$	沸点 $T_b/°C$	偶极矩 $\mu/10^{18}D$	密度 $\rho/g\cdot cm^3$ 20℃	30℃	黏度 $\eta/mPa\cdot s$ 20℃	25℃	30℃	溶度参数 δ /(MJ$^{\frac{1}{2}}$/m$^{\frac{3}{2}}$)	n_D^{20}
二乙基胺	$(C_2H_5)_2NH$	73.138	−50	56	0.91~1.21	0.71 (18℃)			0.37		16.3	1.3873 (18℃)
二亚乙基三胺	$(NH_2CH_2CH_2)_2NH$	103.167	−39	207~208		0.954						1.4810
己三胺	$H_2N(CH_2)_6NH_2$	116.205	41~42	204								
苯胺	[苯环]—NH_2	93.12	−6	184	1.5~1.56	1.022			3.71		23.5	1.5683
氨基乙醇	$NH_2CH_2CH_2OH$	61.08	11	172	2.59	1.018			19.35		30.8	1.452
硝基甲烷	CH_3NO_2	61.04	−28.6	101.3	2.83~4.39		1.131 (25℃)		0.62		25.9	1.3817 (20℃)
硝基乙烷	$CH_3CH_2NO_2$	75.068	−50	115	3.22~3.70	1.052			0.64		22.6	1.3917 (20℃)
硝基苯	$C_6H_5NO_2$	123.112	5.7	210.9	3.93~4.3	1.203		2.01		1.24 (50℃)	20.4	1.5562 (20℃)
二硫化碳	CS_2	76.13	111.5	46.3	0.49	1.263		0.366			20.4	1.6319
二甲基亚砜	$CH_3\overset{O}{\underset{\parallel}{—S—}}CH_3$	78.13	18.4	189	3.9	1.102			2.0		27.3	1.4770
亚磷酸三乙酯	$(C_2H_5O)_3P$	166.157		158		0.963						1.4127
氧化三（二甲胺基）膦	$[(CH_3)_2N]_3P{=}O$	179.2	7	233 (20mmHg) 127	5.54	1.02			3.47		23.3	1.4588
水	H_2O	18	0	100	1.82~1.85	0.998 (20℃)	0.9957	1.0050		0.8007	47.7	1.3329

① 1mmHg=133.3224Pa。

注：1. 范克雷维林. 聚合物的性质——性质的估算及其与化学结构的关系. 北京：科学出版社，1981：440~453.
2. 钱人元，等. 高聚物的分子量测定. 北京：科学出版社，1965：140~141，145.

V　常见聚合物的物理常数

聚合物	M_0 / (g/mol)	ρ_A / (g/cm³)	ρ_c / (g/cm³)	T_g/K	T_m/K	δ / (MJ$^{1/2}$/m$^{3/2}$)
聚乙烯	28.1	0.85	1.00	195 （150/253）	368/414	15.7～17.1
聚丙烯	42.1	0.85	0.95	238/299	385/481	16.7～18.8
聚异丁烯	56.1	0.84	0.94	198/243	275/317	15.9～16.5
聚 1-丁烯	56.1	0.86	0.95	228/249	397/415	
聚 1，3-丁二烯（全同）	54.1		0.96	208	398	16.5～17.5
聚 1，3-丁二烯（间同）	54.1	<0.92	0.963		428	16.5～17.5
聚 α-甲基苯乙烯	118.2	1.065		443/465		
聚苯乙烯	104.1	1.05	1.13	253/373	498/523	17.3～19.0
聚 4-氯代苯乙烯	138.6			383/399		
聚氯乙烯	62.5	1.385	1.52	247/356	485/583	19.2～22.0
聚溴乙烯	107.0			373		19.6
聚偏二氟乙烯	64.0	1.74	2.00	233/286	410/511	
聚偏二氯乙烯	97.0	1.66	1.95	255/288	463/483	20.3～24.9
聚四氟乙烯	100.0	2.00	2.35	160/400	292/672	12.6
聚三氟氯乙烯	116.5	1.92	2.19	318/273	483/533	14.7～16.1
聚乙烯醇	44.1	1.26	1.35	343/372	505/538	25.7～29.4
聚乙烯基甲基醚	58.1	<1.03	1.175	242/260	417/423	
聚乙烯基乙基醚	72.1	0.94	70.79	231/254	359	
聚乙烯基丙基醚	86.1	<0.94			349	
聚乙烯基异丙基醚	86.1	0.924	<0.93	270	464	
聚乙烯基丁基醚	100.2	<0.927	0.944	220	237	
聚乙烯基异丁基醚	100.2	0.93	0.94	246/255	433	
聚乙烯基仲丁基醚	100.2	0.92	0.956	253	443	
聚乙烯基叔丁基醚	100.2		0.978	361	533	
聚乙酸乙烯酯	86.1	1.19	>1.194	301		19.2～22.6
聚丙烯乙烯酯	100.1	1.02		283		18.0～18.6
聚 2-乙烯基吡啶	105.1			377	488	
聚乙烯基吡咯烷酮	111.1	1.25		418/448		
聚丙烯酸	72.1			379		
聚丙烯酸甲酯	86.1	1.22		281		19.8～21.2
聚丙烯酸乙酯	100.1	1.12		251		19.2
聚丙烯酸丙酯	114.1	<1.08	>1.18	229	188/435	18.6

续表

聚合物	M_0 / (g/mol)	ρ_A / (g/cm³)	ρ_c / (g/cm³)	T_g/K	T_m/K	δ / (MJ$^{1/2}$/m$^{3/2}$)
聚丙烯酸异丙酯	114.1		1.08/1.18	262/284	389/453	
聚丙烯酸丁酯	128.2	1.00/1.09		221	320	18.0～18.6
聚丙烯酸异丁酯	128.2	<1.05	1.24	249/256	354	18.4～22.4
聚甲基丙烯酸	86.1					
聚甲基丙烯酸甲酯	100.1	1.17	1.23	266/399	433/473	18.6～22.4
聚甲基丙烯酸乙酯	114.1	1.119		285/338		18.4
聚甲基丙烯酸丙酯	128.2	1.08		308/316		
聚甲基丙烯酸丁酯	142.2	1.05		249/300		17.7～18.4
聚甲基丙烯酸-2-乙基丁酯	170.2	1.040		284		
聚甲基丙烯酸苯酯	162.2	1.21		378/393		
聚甲基丙烯酸苯甲酯	176.2	1.179		327		20.3
聚丙烯腈	53.1	1.184	1.27/1.54	353/378	591	25.9～31.4
聚甲基丙烯腈	67.1	1.10	1.34	393	523	21.8
聚丙烯酰胺	71.1	1.302		438		
聚 N-异丙基丙烯酰胺	113.2	1.03/1.01	1.118	358/403	473	21.8
聚 1, 3-丁二烯 （顺式）	54.1		1.01	171	277	17.5
聚 1, 3-丁二烯 （反式）	54.1		1.02	255/263	421	
聚 1, 3-丁二烯 （混合）	54.1	0.892		188/215		16.9
聚 1, 3-戊二烯	68.1	0.89	0.98	213	368	
聚 2-甲基-1, 3-丁二烯 （顺式）	68.1	0.908	1.00	203	287/309	
聚 2-甲基-1, 3-丁二烯 （反式）	68.1	0.094	1.05	205/220	347	16.1～17.1
聚 2-甲基-1, 3-丁二烯 （混合）	68.1			225		
聚 2-叔丁基-1, 3-丁二烯 （顺式）	110.2	<0.88	0.906	298	379	
聚 2-氯代-1, 3-丁二烯 （反式）	88.5		1.09/1.66	225	353/388	16.7～18.8
聚 2-氯代-1, 3-丁二烯 （混合）	88.5	1.243	1.356	228	316	16.7～19.0
聚甲醛	30.0	1.25	1.54	190/243	333/471	20.8～22.6
聚环氧乙烷	44.1	1.125	1.33	206/246	335/345	
聚正丁醚	72.1	0.98	1.18	185/194	308/453	16.9～17.5
聚乙二醇缩甲醛	74.1		1.325	209	328/347	

续表

聚合物	M_0 /（g/mol）	ρ_A /（g/cm³）	ρ_c /（g/cm³）	T_g/K	T_m/K	δ /（MJ$^{1/2}$/m$^{3/2}$）
聚 1，4-丁二醇缩甲醛	102.1		1.414	189	296	
聚乙醛	44.1	1.071	1.234	243	438	
聚氧化丙烯	58.1	1.00	1.14	200/212	333/348	15.3～20.4
聚氧化-3-氯丙烯	92.5	1.37	1.10/1.21		390/408	19.2
聚 2，6-二甲基对苯醚（PPO）	120.1	1.07	1.461 1.31	453/515 500	534/548	19.0
聚 2，6-二苯基对苯醚	244.3	<1.15	71.12	221/236	730/770	
聚硫化丙烯	74.1	<1.10	1.234		313/326	
聚苯硫醚	108.2	<1.34	1.44	358/423	527/563	
聚羟基乙酸	58.0	1.60	1.70	311/368	496/533	
聚丁二酸乙二酯	144.1	1.175	1.358	272	379	
聚己二酸乙二酯	172.2	<1.183/1.221	<125/1.45	203/233	320/338	19.4
聚对羟基甲酸酯	120.1	<1.44	>1.48	>420	590/>770	
聚对羟基苯甲酸乙二酯	164.2	<1.34		355	475/500	
聚间苯二甲酸乙二酯	192.2	1.34	>1.38	324	410/513	
聚对苯二甲酸乙二酯	192.2	1.335	1.46/1.52	342/350	538/577	19.8～21.8
聚 6-氨基己酸（尼龙-6）	113.2	1.084	1.23	323/348	487/506	22.4
聚 4-氨基丁酸（尼龙-4）	85.1	<1.25	1.34/1.37		523/538	
聚 6-氨基己酸（尼龙-6）	113.2	1.084	1.23	323/348	487/506	22.4
聚 7-氨基庚酸（尼龙-7）	127.2	<1.095	1.21	325/335	490/506	
聚 8-氨基辛酸（尼龙-8）	141.2	1.04	1.04/1.18	324	458/482	25.9
聚 9-氨基壬酸（尼龙-9）	155.2	<1.052	>1.066	324	467/482	
聚 10-氨基癸酸（尼龙-10）	169.3	<1.032	1.019	316	450/465	
聚 11-氨基十一酸（尼龙-11）	183.3	1.01	1.12/1.23	319	455/493	
聚 12-氨基十二酸（尼龙-12）	197.3	0.99	1.106	310	452	
聚己二酰己二胺（尼龙-66）	226.3	1.07	1.24	318/330	523/455	27.8
聚庚二酰庚二胺（尼龙-77）	254.4	<1.06	1.108		469/487	
聚辛二酰辛二胺（尼龙-88）	282.4	<1.09			478/498	
聚癸二酰己二胺（尼龙-610）	282.4	1.04	1.19	303/323	488/506	

续表

聚合物	M_0 /（g/mol）	ρ_A /（g/cm³）	ρ_c /（g/cm³）	T_g/K	T_m/K	δ /（MJ$^{1/2}$/m$^{3/2}$）
聚壬二酰壬二胺（尼龙-99）	310，5	<1.043			450	
聚壬二酰癸二胺（尼龙-109）	324.5	<1.044			487	
聚癸二酰癸二胺（尼龙-1010）	338.5	<1.032	>1.063	319/333	469/489	
聚间苯二甲酰间苯二胺	238.2	<1.33	>1.36	545	660/700	
聚对苯二甲酰对苯二胺	238.2		1.54	580/620	770/870	
聚4，4-异丙亚苯基氧[二（4-亚苯基）]砜（聚砜）	442.5	<1.24		463/468	570	20.4
聚苯均四酰p，p'-氧化二（二亚苯基二业胺）	382.3	1.42		600/660	770	
聚二甲基硅氧烷	74.1	0.98	1.07	150	234/244	14.9～15.7

注：[荷兰]van Krevele. 聚合物的性质. 原著第四版. 北京：科学出版社，2010.

Ⅵ　常见聚合物特性黏度-分子量（M_r）关系[η]=KM^α参数表

聚合物	溶剂	T/℃	$K \times 10^2$ /（mL/g）	α	M_r/ （×10⁻⁴）	方法
聚1，4-丁二烯[98%（顺式）]	四氢呋喃	40	5.78	0.67	1～10	
	苯	30	3.37	0.715	5～50	渗透压
	乙酸异丁酯	20.5（θ）	18.5	0.50	5～50	渗透压
	甲苯	30	3.05	0.725	5～50	渗透压
	四氢呋喃	25	76.0	0.44	27～55	
聚1，4-丁二烯（65%），聚1，2-丁二烯[25%反式，10%顺式]	甲苯	25	1.10	0.62	7～70	渗透压
聚1，4-丁二烯[25%反式，25%顺式]	环己烷	40	2.82	0.70	4～17	光散射
聚1,4-丁二烯（80%乙烯）	四氢呋喃	25	4.57	0.693	8～110	
聚1,4-丁二烯（28%乙烯）	四氢呋喃	25	0.51	0.693	2～20	
聚1,4-丁二烯（52%乙烯）	四氢呋喃	25	4.28	0.693	2～20	
聚1,4-丁二烯（73%乙烯）	四氢呋喃	25	4.03	0.693	2～20	
聚丁二烯[2%（顺式），2%（乙烯）]	四氢呋喃	25	2.36	0.75	0.3～0.6	

续表

聚合物	溶剂	$T/℃$	$K×10^2$ $/(mL/g)$	α	$M_r/$ $(×10^{-4})$	方法
聚三氯丁二烯	苯	25	3.16	0.66	29～129	光散射
氯丁橡胶 CG	苯	25	0.20	0.89	6～150	渗透压
氯丁橡胶 NG	苯	25	1.45	0.73	2～96	渗透压
氯丁橡胶 W	苯	25	1.55	0.72	5～100	光散射
氯丁橡胶 W	丁酮	25（θ）	11.3	0.50	15～300	光散射
天然橡胶	苯	30	1.85	0.74	8～28	渗透压
	甲苯	25	5.0	0.67		
	环己烷	27	3.0	0.70		光散射
	戊酮（2）	1.45（θ）	11.9	0.50	8～28	渗透压
	四氢呋喃	25	1.09	0.79	1～100	
聚异戊二烯（顺式）	苯	25	5.02	0.67		
	己烷	20	6.84	0.58	5～80	
	四氢呋喃	25	1.77	0.735	4～50	
聚异戊二烯[85%～91% （顺式）]	甲苯	30	2.0	0.728	14～580	光散射
聚异戊二烯（反式）	苯	32	4.37	0.65	8～140	光散射
杜仲胶	乙酸正丙酯	60（θ）	23.2	0.50	10～20	渗透压
	苯	25	3.55	0.71	0.2～5	渗透压
聚 1-丁烯（无规）	苯甲醚	86.2（θ）	12.3	0.50	10～130	光散射
	乙基环己烷	70	0.734	0.80	4～130	光散射
聚 1-丁烯（等规）	乙基环己烷	70	0.734	0.80	8～94	光散射
	十氢萘	125	0.949	0.73	4.5～90	光散射
聚乙烯（高压）	十氢萘	70	6.8	0.675	20	渗透压
	十氢萘	135	4.6	0.73	2.5～69	光散射
	萘烷	70	0.38	0.74		
	四氢萘	120	2.36	0.78	5.0～110	光散射
聚乙烯（低压）	对二甲苯	105	1.65	0.83	12.5～137.6	光散射
	联苯	127.5（θ）	32.3	0.50	2～30	
	α-氯萘	125	4.3	0.67	4.8～95	光散射
	四氢萘	130	5.1	0.725	0.1～11	渗透压
	四氢萘	120	2.36	0.78		
	十氢萘	135	6.77	0.67	3～100	光散射

续表

聚合物	溶剂	$T/℃$	$K×10^2$ /（mL/g）	α	$M_r/$ （$×10^{-4}$）	方法
聚异丁烯	苯甲醚	105（θ）	9.1	0.50	18～186	
	苯	24（θ）	10.7	0.50	18～186	
	甲苯	20	2.6	0.64		
	二异丁烯	20	3.63	0.64	0.5～130	渗透压
	环己烷	30	2.76	0.69	3.78～71	渗透压
聚丙烯（无规）	苯	25	2.70	0.71	6～31	渗透压
	十氢萘	135	1.58	0.77	2～40	渗透压
	十氢萘	135	1.00	0.80	2～62	光散射
	环己醇	92（θ）	17.2	0.50	1.5～33	渗透压
聚丙烯（等规）	α-氯萘	139	2.15	0.67	10～170	光散射
	十氢萘	135	1.1	0.80	2～62	光散射
	二苯醚	145（θ）	13.2	0.50	3.5～48	渗透压
	对二甲苯	85	9.6	0.63		渗透压
	四氢萘	135	0.80	0.80	2～11	渗透压
	邻二氯苯	135	1.3	0.78	2.8～46	
聚甲氧基苯乙烯	甲苯	30	1.8	0.62	1～100	光散射
聚 α-甲基苯乙烯	苯	30	2.49	0.647	14～91	渗透压
	甲苯	30	0.22	0.80	1～100	光射散
	苯/甲醇[79.4 /20.6（体积比）]	30（θ）	7.68	0.50	14～91	渗透压
聚对甲基苯乙烯	甲苯	30	0.886	0.74	19～180	光射散
聚间甲基苯乙烯	苯	30	0.736	0.76	8～115	渗透压
聚苯乙烯（溶液聚合） （无规）	苯	25	4.17	0.60	0.1～1	渗透压
	苯	20	1.23	0.72	0.12～54	光射散
	环己烷	35（θ）	7.6	0.50	4～137	光散射
	环己烷	45	3.47	0.575	4～137	光散射
	十氢萘 10% （反式）	25	6.7	0.52	14～200	光散射
	十氢萘 73% （反式）	18（θ）	7.1	0.50	14～140	光散射
	二氯乙烷	25	2.1	0.66	1～180	光散射

续表

聚合物	溶剂	$T/°C$	$K×10^2$ / （mL/g）	α	M_r/ （×10⁻⁴）	方法
聚苯乙烯（溶液聚合）（无规）	甲苯	20	0.416	0.785	1～160	光散射
		25	0.75	0.75	12～280	光散射
		30	0.92	0.72	4～146	光散射
		30	0.93	0.72	385～659	光散射
	四氢呋喃	25	1.6	0.706	>0.3	
	四氢呋喃	23	68.0	0.766	5～100	
	甲苯/甲醇（76.9/23.1）（体积比）	25（θ）	0.92	0.50	100～600	光散射
	丁酮	25	3.9	0.57	0.3～170	光散射
	丁酮/异丙醇（6/1）	23（θ）	7.3	0.50	4～146	光散射
聚苯乙烯（等规）	苯	30	0.95	0.77	4～75	渗透压
	甲苯	30	0.93	0.72	15～71	光散射
聚苯乙烯（星形阴离子）	环己烷	34（θ）	g'=0.82（4 支）g'=0.94（3 支）			光散射
聚苯乙烯（星形）	四氢呋喃	23	0.35	0.74	15～60	
聚苯乙烯（梳形）	四氢呋喃	23	2.2	0.56	15～60	
聚苯乙烯磺酸	HCl 溶液（0.52mol/L）	25	6.35	1.0	18～46	黏度
	NaCl 溶液（0.52mol/L）	25	5.75	1.0	18～46	黏度
聚氯乙烯	苯甲醇	155.4（θ）	15.6	0.50	4～35	光散射
	氯苯	30	7.12	0.59	3～19	SA
	环己酮	25	17.4	0.55	15～52	光散射
	环己酮	25	2.4	0.77	3～14	渗透压
聚氯乙烯	四氢呋喃	25	1.63	0.766	2～17	光散射
聚溴乙烯	环己酮	25	3.28	0.55	2～10	光散射
	四氢呋喃	20	1.59	0.64		
聚氟乙烯	二甲基甲酰胺	90	0.642	0.80	14～66	SV

续表

聚合物	溶剂	$T/°C$	$K×10^2$/（mL/g）	a	$M_r/$（×10^{-4}）	方法
聚乙烯醇	水	25	6.7	0.55	2～20	光散射
	水	30	6.65	0.64	0.6～10	渗透压
	水/苯酚[15/85（体积比）]	30	2.46	0.80	3～12	渗透压
聚乙酸乙烯酯	丙酮	25	1.90	0.65	4.2～139	光射散
	丙酮	20	0.99	0.75	4.5～42	渗透压
	苯	30	5.63	0.62	26～86	渗透压
	四氢呋喃	25	3.5	0.63	1～100	
	丁酮	25	1.35	0.71	25～350	光散射
	氯仿	20	1.58	0.74	6.8～68	渗透压
	甲基异丙基	25（θ）	9.2	0.50		光散射
聚乙烯基甲基醚	苯	30	7.6	0.60	1～50	光散射
	丁酮	30	13.7	0.54	1～50	光散射
聚乙烯基乙基醚	丁酮	30	13.7	0.34	4～100	光散射
聚乙烯基异丙基醚	丁酮	30	13.7	0.34	53～89	光散射
聚乙烯基吡啶	乙醇	25	1.2	0.73	22～224	光散射
聚乙烯基吡咯烷酮	水	25	5.65	0.55	1.1～23	光散射
	甲醇	25	2.3	0.65	0.74～21	光散射
	氯仿	25	1.94	0.64	0.7～21	光散射
聚丙烯酸	二氧六环	30（θ）	7.6	0.50	13.82	渗透压
聚丙烯酸（钠盐）	NaCl 溶液（1mol/L）	25	1.547	0.90	4～50	渗透压
	NaBr 溶液（1.5mol/L）	15（θ）	12.4	0.50	6～64	光散射
	NaBr 溶液（0.5mol/L）	15	5.27	0.628	1.5～50	光散射
聚苯基甲基丙烯酰胺	丙酮	20	0.024	1.0		
聚丙烯酰胺	水	30	0.631	0.80	2～50	超离心沉降
聚 N,N-二甲基丙烯酰胺	甲醇	25	1.75	0.68	5～122	光散射
	水	25	2.32	0.81	5～122	光散射
聚甲基丙烯酰胺	乙酸乙酯	20	0.156	0.80	15～120	光散射
聚丙烯酸甲酯	丁酮	20	0.35	0.81	6～247	光散射
	甲苯	30	3.105	0.5791	6～247	黏度
聚丙烯酸正丁酯	丙酮	25	0.685	0.75	5～27	光散射
聚丙烯酸乙酯	丙酮	30	20	0.66	16～50	渗透压

续表

聚合物	溶剂	$T/^\circ\text{C}$	$K \times 10^2$ /（mL/g）	α	$M_r/$（$\times 10^{-4}$）	方法
聚丙烯酸异丙酯	丙酮	30	1.3	0.69	6～30	光散射
聚丙烯酸丙酯	丁酮	30	1.50	0.687	71～181	光散射
聚甲基丙烯酸甲酯	苯	25	0.35	0.79	24～450	光散射
	苯	20	0.55	0.76		
	苯	30	0.527	0.76	6～250	光散射
	氯仿	20	0.485	0.80		
	四氢呋喃	23	0.93	0.72	17～130	
	丙酮	25	1.76	0.69	41～340	光散射
		20	0.39	0.73		
	丁酮	25	0.71	0.72	41～340	光散射
	甲苯	25	0.71	0.73		
	氯仿	25	0.34	0.83	41～340	光散射
	丁酮/异丙酮 [50/50（体积比）]	25（θ）	5.92	0.50	30～280	光散射
聚甲基丙烯酸丁酯	异丙醇	23.7（θ）	3.66	0.50	40～170	光射散
	丁酮	23	0.156	0.80	30～365	光散射
聚丙烯腈	γ-丁内酯	30	3.42	0.70	6～30	超离心沉降
	二甲基甲酸胺	25	2.33	0.75	3～26	光散射
		30	2.96	0.74	4～30	超离心沉降
		35	3.17	0.747	9～76	光散射
	二甲基亚砜	20	3.21	0.750	9～60	光散射
		50	2.83	0.755	9～60	光散射
	碳酸乙二酯	20	3.21	0.75	9～60	光散射
	硝酸溶液 60%	20	3.07	0.747	2～40	光散射
丙烯腈与氯乙烯共聚物（40/60）	二甲基甲酰胺	25	0.38	0.92	33～79.2	渗透压
	丙酮	20	3.8	0.68	44.7～127	渗透压
	丙酮	25	1.0	0.83	33～79.2	渗透压
丙烯腈与丙烯酸甲酯共聚物	二甲基甲酰胺	20	1.79	0.79	2～21	光散射
丙烯腈与乙酸乙烯共聚物	二甲基甲酰胺	25	1.536	0.78	7.0～535	渗透压
丙烯腈与苯乙烯的共聚物[38.3/61.7（摩尔比）]	丁酮	30	3.6	0.62	15～120	光散射

聚合物	溶剂	$T/℃$	$K×10^2$ /（mL/g）	α	$M_r/$ （×10^4）	方法
甲基丙烯酸与甲基丙烯酸甲酸共聚物[7.4/92.6（摩尔比）]	丙酮	20	0.34	0.74	26～105	光散射
丙烯酸甲酯与苯乙烯共聚物[33/67（摩尔比）]	苯	30	0.718	0.759	6.6～36	光散射
甲基丙烯酸甲酯与对异丙基苯乙烯共聚物（约2/3无规）	丁酮	25	0.021	1.11	31～65	光散射
甲基丙烯酸甲酯与对氯苯乙烯共聚物（48/52无规）	苯	27	0.794	0.72	15～120	光散射
甲基丙烯酸甲酯与苯乙烯共聚物（1/1无规）	丁酮	25	1.54	0.675	5～227	光散射
甲基丙烯酸甲酯与苯乙烯共聚物 （94/6无规）	正丁基氯	40.8	2.76	0.617	20～100	光散射
甲基丙烯酸甲酯苯乙烯共聚物（10/90无规）	正丁基氯	40.8	1.66	0.609		
氯乙烯-乙酸乙烯-丙烯酸羟丙脂三元共聚物	四氢呋喃	30	16.8	0.54		渗透压
乙烯与α-甲基乙苯烯 [(EV)$_m$(MS)$_n$]$_p$(m/n=3/4)	环己烷	30	9.2	0.56	0.7～6	超离心沉降
乙烯与α-甲基乙苯烯 [(EV)$_m$(MS)$_n$]$_p$(m/n=5/4)	环己烷	30	6.5	0.60	0.8～7	超离心沉降
乙烯与α-甲基乙苯烯 [(EV)$_m$(MS)$_n$]$_p$(m/n=5/7)	环己烷	30（θ）	11.2	0.50	1.5～7	超离心沉降
丁二烯与苯乙烯共聚物 （GR-S或SBR）	苯	25	5.4	0.66	1～165	渗透压
	环己烷	30	3.16	0.7	5～25	渗透压
	甲基正丙基酮	21（θ）	18.5	0.5	5～25	渗透压
	甲苯	30	3.29	0.71	5～25	渗透压
	四氢呋喃	30	3.0	0.70	1～100	
丁苯橡胶（25%苯乙烯）	四氢呋喃	40	3.18	0.7	7～100	
丁苯橡胶（25%苯乙烯）	四氢呋喃	25	4.1	0.693	2.4～4	
丁苯橡胶1808	四氢呋喃	30	5.4	0.65	1～100	
丁二烯与丙烯腈共聚物	丙酮	25	5.0	0.64	2.5～100	渗透压
	苯	25	1.3	0.55	2.5～100	渗透压
	氯仿	25	5.4	0.68		渗透压
丁基橡胶	苯	25	6.90	0.50	0.1～50	渗透压
	苯	37	1.34	0.63	0.1～50	渗透压

续表

聚合物	溶剂	$T/℃$	$K×10^2$ $/(mL/g)$	$α$	$M_r/$ $(×10^{-4})$	方法
丁基橡胶	甲苯	25	6.6	0.60	15～20	渗透压
	甲苯	30	2.14	0.678	10～30	渗透压
	四氯化碳	25	1.03	0.78	10～30	渗透压
	四氢呋喃	25	0.85	0.75	0.4～400	
乙烯、丙烯与二烯共聚物 EPDM 橡胶	环己烷	40	5.31	0.75	3～30	渗透压
聚对苯二甲酸乙二酯	邻-氯苯酚	25	30	0.77	1.2～2.8	端基滴定
聚对苯二甲酸乙二酯	苯酚/四氯乙烷（1∶1）	20	7.55	0.685	0.3～3	端基滴定
	苯酚/四氯乙烷（1∶1）	25	2.1	0.82	0.5～2.5	端基滴定
	苯酚/二氯乙烷	20	0.92	0.85	0.9～3.5	端基滴定
聚 $ω$-羟基十一酸	氯仿	25	6.56	0.73		渗透压
聚碳酸酯	氯甲烷	20	1.11	0.82	0.8～27	超离心沉降
	四氢呋喃	20	3.99	0.70	0.8～27	超离心沉降
	四氢呋喃	25	4.9	0.67		
	氯仿	20（$θ$）	27.7	0.50	1.5～6	光散射
聚甲醛	二甲基甲酰胺	150	4.4	0.66	89～285	光散射
聚乙醛	丁酮	25	0.168	0.65	9.1～20	渗透压
聚环氧乙烷	丙酮	25	15.6	0.50	0.02～0.3	端基滴定
	甲醇	20	1.61	0.76	约1.9	光散射
	水	30	1.25	0.78	10～100	超离心沉降
聚环氧乙烷	甲苯	35	1.45	0.70	0.04～0.4	端基滴定
	K_2SO_4水溶液（0.45mol/L）	35（$θ$）	13.0	0.50	3～700	光散射
聚氧化丙烯	苯	25	1.4	0.8		
	己烷	46	1.97	0.67	3.4～367	光散射
聚 2，6-二甲基对苯醚（PPO）	苯	25	2.6	0.69	3～17	光散射
	氯仿	25	4.83	0.64	2～42	光散射
聚 2，6-二苯基对苯醚	氯苯	25	1.39	0.65	4～145	光散射
	甲苯	25	2.14	0.635	4～145	光散射
聚对亚苯基硫醚	$α$-氯萘	210	0.0029	0.5	1.6～6.6	氯离子选择电极电位
聚砜	氯仿	25	2.4	0.72		端基滴定
聚羟砜醚	二甲基甲酰胺	35	0.411	0.894		渗透压
	N-甲基吡咯烷酮	35	0.156	1.01		渗透压

续表

聚合物	溶剂	$T/℃$	$K×10^2$ /（mL/g）	$α$	$M_r/$ （×10⁻⁴）	方法
聚己内酰胺（NY-6）	间甲酚	25	32	0.62	0.05～0.5	端基滴定
	间甲酚	20	0.73	1.0		
	40%H₂SO₄	25	5.92	0.99	0.3～1.3	端基滴定
聚己内酰胺	85%甲酸	25	7.62	0.70	0.45～1.6	端基滴定
己二酰己二胺（NY-66）	90%甲酸	23	11	0.72	0.65～2.6	端基滴定
	甲酚	20	38	0.55		黏度
癸二酰己二胺（NY-610）	间甲酚	25	1.35	0.96	0.8～2.4	超离心沉降
聚二甲基硅氧烷	甲苯	25	2.15	0.65	2～130	渗透压
	丁酮	30	4.8	0.55	5～66	渗透压
	苯	20	2.0	0.78		
	甲苯	25	0.738	0.72	3.6～110	光散射
	辛烷/二氟四氯	22.5（θ）	10.6	0.50	55～120	光散射
聚二甲基硅氧烷	乙烷[33.17/ 66.83（质量比）]					
	邻二氯苯	138	3.83	0.57	2.5～30	
聚甲基苯基硅氧烷	环己烷	25	0.552	0.72	6～124	光散射
纤维素	铜氨溶液	25	0.85	0.81	0.8～9.5	渗透压
乙酸纤维素	丙酮	25	0.19	1.03	1.1～130	渗透压
羟甲基纤维素	2% NaCl 水溶液	25	2.33	1.28		渗透压
硝基纤维素	甲基正戊基酮	25	3.61	0.78	6.8～224	渗透压
	丙酮	25	2.53	0.795	6.8～224	渗透压
	丙酮	20	0.28	1.00		
	四氢呋喃	25	25	1.00	9.5～230	
乙基纤维素	丁酮	25	1.82	0.84	4～14	渗透压
	甲醇	25	5.23	0.65	9.8～410	光散射
聚葡萄糖苷（缩聚葡萄糖）	水	20	9.0	0.50	1～80	光散射
明胶	NaCl 溶液 1mol/L	40	0.269	0.88	7～14	渗透压
直链淀粉	二甲基亚砜	25	0.85	0.76	0.15～120	光散射

注：1. Polymer Hand book. 2nd. Ed. 1975，Ⅳ：4-31；1965，Ⅳ：7-45.

2. 钱人元，等. 高聚物的分子量测定. 北京：科学出版社，1965：133-136.

3. 复旦大学高分子教研室. 高聚物的分子量测定. 上海：上海科技出版社，1965，93-110.